Rapin · Wassong · Wiedmann · Koospal

MuPAD – Eine Einführung

Gerd Rapin · Thomas Wassong
Stefan Wiedmann · Stefan Koospal

MuPAD

Eine Einführung

Mit 43 Abbildungen

 Springer

Gerd Rapin
Thomas Wassong
Institut für Numerische und Angewandte Mathematik
Georg-August Universität Göttingen
Lotzestraße 16–18
37083 Göttingen
grapin@math.uni-goettingen.de
wassong@math.uni-goettingen.de

Stefan Wiedmann
Stefan Koospal
Mathematisches Institut
Georg-August Universität Göttingen
Bunsenstraße 3–5
37073 Göttingen
wiedmann@uni-math.gwdg.de
koospal@uni-math.gwdg.de

Bibliografische Information der Deutschen Nationalbibliothek

Die Deutsche Nationalbibliothek verzeichnet diese Publikation in der Deutschen Nationalbibliografie; detaillierte bibliografische Daten sind im Internet über http://dnb.d-nb.de abrufbar.

Mathematics Subject Classification (2000): 00A06, 97U70

ISBN 978-3-540-73475-8 Springer Berlin Heidelberg New York

Dieses Werk ist urheberrechtlich geschützt. Die dadurch begründeten Rechte, insbesondere die der Übersetzung, des Nachdrucks, des Vortrags, der Entnahme von Abbildungen und Tabellen, der Funksendung, der Mikroverfilmung oder der Vervielfältigung auf anderen Wegen und der Speicherung in Datenverarbeitungsanlagen, bleiben, auch bei nur auszugsweiser Verwertung, vorbehalten. Eine Vervielfältigung dieses Werkes oder von Teilen dieses Werkes ist auch im Einzelfall nur in den Grenzen der gesetzlichen Bestimmungen des Urheberrechtsgesetzes der Bundesrepublik Deutschland vom 9. September 1965 in der jeweils geltenden Fassung zulässig. Sie ist grundsätzlich vergütungspflichtig. Zuwiderhandlungen unterliegen den Strafbestimmungen des Urheberrechtsgesetzes.

Springer ist ein Unternehmen von Springer Science+Business Media

springer.de

© Springer-Verlag Berlin Heidelberg 2007

Die Wiedergabe von Gebrauchsnamen, Handelsnamen, Warenbezeichnungen usw. in diesem Werk berechtigt auch ohne besondere Kennzeichnung nicht zu der Annahme, dass solche Namen im Sinne der Warenzeichen- und Markenschutz-Gesetzgebung als frei zu betrachten wären und daher von jedermann benutzt werden dürften.

Satz: Datenerstellung durch die Autoren unter Verwendung eines Springer TeX-Makropakets
Herstellung: LE-TeX Jelonek, Schmidt & Vöckler GbR, Leipzig
Umschlaggestaltung: WMXDesign GmbH, Heidelberg

Gedruckt auf säurefreiem Papier   40/3180/YL - 5 4 3 2 1 0

Vorwort

Für viele Problemstellungen der Naturwissenschaften und Mathematik hat sich das Arbeiten mit Computer-Algebra-Systemen (CAS) als sehr nützlich erwiesen. Lästige Routineaufgaben wie langwierige Termumformungen, das Lösen von Gleichungssystemen oder das Visualisieren von Ergebnissen können einfach und schnell erledigt werden. Der sichere Umgang mit CAS gehört heutzutage zum Handwerkszeug jeder Naturwissenschaftlerin und jedes Naturwissenschaftlers und sollte somit integraler Bestandteil einer modernen Ausbildung in Mathematik sein.

Nach Ansicht der Autoren wird die Qualität der Lehre in der Mathematikausbildung sowohl an der Universität als auch an der Schule durch die Anwendung von Computer-Algebra-Systemen wesentlich verbessert. Der Einsatz der enormen Visualisierungsmöglichkeiten steigert das Verständnis der Lernenden. Darüber hinaus kann auf diese Weise das Denken in mathematischen Strukturen auf spielerische Art gefördert und gefestigt werden.

Das vorliegende Buch ist die Ausarbeitung des Kompaktkurses *Mathematische Anwendersysteme: Einführung in MuPAD*, den die Autoren regelmäßig an der Georg-August-Universität Göttingen veranstalten. Das Buch basiert auf dem Programm MuPAD Pro 4.0. In der Regel können aber ohne größere Probleme auch ältere Versionen von MuPAD benutzt werden. Allerdings sind vor allem bei den Grafikbefehlen einige Anpassungen gegenüber älteren Versionen erforderlich.

Primär konzipiert für Mathematik-Studierende nach dem ersten Semester, eignet sich dieses Buch für alle Natur-, Ingenieur- und Naturwissenschaftler, die über Grundkenntnisse in Differential- und Integralrechnung und Linearer Algebra verfügen und sich systematisch mit einem Computer-Algebra-System beschäftigen möchten. Insbesondere werden keine speziellen Informatik- oder, allgemeiner, Computerkenntnisse vorausgesetzt. Durch die konsequente Verwendung von Beispielen aus den mathematischen Grundvorlesungen wird gleichzeitig das mathematische Grundwissen auf spielerische Weise wiederholt und gefestigt.

Warum haben wir gerade MuPAD aus der großen Menge von Computer-Algebra-Systemen ausgewählt und zur Grundlage dieses Buches gemacht? MuPAD hat uns durch seine klare Struktur und seinen großen Befehlsumfang überzeugt. Durch die rigorose Abbildung der Mathematik in MuPAD werden viele mathematische Strukturen dem Lernenden erst deutlich bzw. bewußt.

Grob gesagt zerfällt das Buch in vier Teile. Die ersten beiden Kapitel haben einen einführenden Charakter. Kapitel 1 erläutert den Begriff des Computer-Algebra-Systems (CAS) und grenzt MuPAD zu anderen Systemen ab. Das nächste Kapitel umreißt anhand einiger klassischer Beispiele das Anwendungs-feld von MuPAD und gibt einen ersten Eindruck seiner Möglichkeiten.

Die nächsten drei Kapitel bilden den zweiten Teil. Hier wird eine möglichst systematische, gründliche Einführung in die Arbeitsweise von MuPAD gege-ben. In Kapitel 3 wird der prinzipielle Aufbau und der Umgang mit MuPAD-Objekten erläutert. Dabei wird auch auf das Bibliothekskonzept in MuPAD eingegangen. Das nächste Kapitel ist den wichtigsten Datentypen in MuPAD gewidmet. Diese Datentypen können in geeigneten Datencontainer gruppiert werden. Welche Konstrukte MuPAD hierfür bereitstellt, wird in Kapitel 5 erläutert.

Der dritte Teil behandelt klassische Anwendungen von Computer-Algebra-Systemen. In Kapitel 6 wird ausführlich dargelegt, wie Ausdrücke manipuliert und vereinfacht werden können oder man Gleichungen und Ungleichungen mit Hilfe von MuPAD löst. Kapitel 7 ist der Differential- und Integralrechnung gewidmet und Kapitel 8 beschäftigt sich mit Linearer Algebra.

Im vierten Teil lernen wir die umfangreichen Grafikmöglichkeiten von Mu-PAD kennen (Kapitel 9). Das Schreiben eigener Routinen ist Gegenstand von Kapitel 10. Hier werden wir sehen, dass MuPAD auch als vollständige Programmiersprache mit den üblichen Konstrukten wie Schleifen oder Bedin-gungen verwendet werden kann. Kapitel 11 erläutert noch einige zusätzliche Sprachelemente, die in den vorherigen Kapiteln keinen Platz gefunden haben. Besonderes Augenmerk wird dabei auf das Arbeiten mit Dateien gelegt.

Wir hoffen, dass das Durcharbeiten des Buches Sie von den Qualitäten Mu-PADs überzeugt. Über Anregungen und Kritik würden wir uns freuen.

Göttingen,   *Gerd Rapin*
Mai 2007   *Thomas Wassong*
                                           Stefan Wiedmann
                                            Stefan Koospal

Inhaltsverzeichnis

Abbildungsverzeichnis

1

Einleitung

1.1 Computer-Algebra-Systeme

Als Erstes wollen wir den Begriff Computer-Algebra-System (CAS) etwas erläutern. Im freien Online-Lexikon *Wikipedia* finden wir die folgende Beschreibung zum Stichwort Computer-Algebra-System, vgl.
`http://de.wikipedia.org/wiki/Computer_Algebra`.[1]

Ein Computer-Algebra-System (CAS) ist ein Computerprogramm, das Rechenaufgaben aus verschiedenen Bereichen der Mathematik lösen und dabei nicht nur (wie ein einfacher Taschenrechner) mit Zahlen, sondern auch mit symbolischen Ausdrücken (Variablen, Funktionen, Matrizen) umgehen kann. Die im engeren Sinne algebraischen Aufgaben eines CAS umfassen:

- *algebraische Ausdrücke vereinfachen und vergleichen;*
- *algebraische Gleichungen lösen;*
- *lineare Gleichungssysteme lösen und Matrizenberechnung durchführen;*
- *Funktionen differenzieren und integrieren;*
- *mit Dezimalzahlen mit beliebiger Genauigkeit rechnen (mit einem guten CAS kann man unter geringem Programmieraufwand die Kreiszahl π auf zehntausende Stellen genau bestimmen).*

Darüber hinaus gehört zum Funktionsumfang der meisten CAS:

- *Funktionen und Daten in zwei oder drei Dimensionen graphisch darzustellen;*
- *Integrale und Differentialgleichungen durch numerische Integration (Quadratur) zu lösen;*
- *eine Schnittstelle anzubieten, die es dem Benutzer erlaubt, in einer höheren Programmiersprache eigene Algorithmen einzubinden.*

Zusammenfassend können wir sagen, dass CAS *exakte* Berechnungen innerhalb mathematischer Strukturen durchführen und deren Elemente exakt dar-

---

[1] Stand: Mai 2007.

stellen können. Im Gegensatz dazu können beispielsweise die meisten Taschenrechner mathematische Probleme nur numerisch lösen, d.h. sie verwenden Zahlen in Gleitkommadarstellung als Näherung an die tatsächlichen Größen.

Beispiel 1.1.1 (für mathematische Strukturen). Natürliche Zahlen $\mathbb{N}$, reelle Zahlen $\mathbb{R}$, Polynomringe, Funktionenräume, Gruppen, Algebren.

Beispiel 1.1.2. Wir betrachten die mathematischen Objekte $\pi \in \mathbb{R}$, $\sqrt{2} \in \mathbb{R}$. Diese Größen werden in CAS exakt durch entsprechende Definitionen gespeichert. So ist beispielsweise denkbar, $\sqrt{2}$ als die positive Lösung der Gleichung $x^2 = 2$ abzuspeichern. In numerischen Systemen dagegen liegen diese Objekte nur in Gleitkommadarstellung vor. Das bedeutet, dass nur eine endliche Anzahl von Stellen zur Speicherung verwendet wird. Beispielsweise ergeben sich bei 8 Stellen die Zahlen 3.1415927 bzw. 1.4142136.

Weiterführende Darstellungen zu Computer-Algebra-Systemen findet man beispielsweise in den Büchern von J.H. DAVENPORT ET AL. [4] oder von J. VON ZUR GATHEN und J. GERHARD [8]. Dort werden insbesondere viele der zugrundeliegenden Techniken und Algorithmen beschrieben.

1.2 Einige CAS

Im Folgenden listen wir ohne Anspruch auf Vollständigkeit einige der bekanntesten CAS auf. Wir unterscheiden hierbei zwischen CAS mit sehr breit gefächerten Einsatzmöglichkeiten (general purpose) und CAS mit hoch spezialisierten Einsatzmöglichkeiten (special purpose). Eine Übersicht mit entsprechenden Web-Seiten gibt Abbildung 1.1.
Lassen Sie uns kurz auf die verschiedenen Systeme eingehen. Sehr leicht bedienbar und eine gute Oberfläche besitzen die neueren Systeme `Derive` und `MathView`. Schwerer zu handhaben aber dafür wesentlich stärker bei Anwendungen aus Algebra und Zahlentheorie ist `Magma`, das an der Universität Sydney entwickelt wurde. CAS der ersten Generation sind Systeme wie `Macsyma` oder `Reduce`, die noch in Lisp programmiert wurden. Zu `Macsyma` existiert eine ebenfalls in Lisp programmierte Weiterentwicklung `Maxima`. `Maxima` liegt als Open-Source vor. Erwähnt werden sollen noch die etablierten, sehr populären Systeme `Mathematica` und `Maple`, die gute Benutzerführung mit starken mathematischen Fähigkeiten vereinen.
Daneben gibt es noch einige Systeme, die hochspezialisiert für spezielle Anwendungen konzipiert wurden. Es seien zum Beispiel `DELiA`, `GAP` oder `PARI` genannt. Mit `DELiA` können Differentialgleichungen gelöst werden, `GAP` ist für gruppentheoretische Anwendungen geschrieben worden und `PARI` beschäftigt sich mit zahlentheoretischen Problemen. Ein Teil von `PARI` ist in `MuPAD` integriert.

General purpose	
Derive	`http://www.derive.de`
Maxima	`http://maxima.sourceforge.net`
Magma	`http://magma.maths.usyd.edu.au/magma`
Maple	`http://www.maplesoft.com`
Mathematica	`http://www.wolfram.com`
MuPAD	`http://www.mupad.de`
Reduce	`http://www.zib.de/Symbolik/reduce`
Special purpose	
GAP	`http://www.gap-system.org`
PARI/GP	`http://pari.math.u-bordeaux.fr`
KASH	`http://www.math.tu-berlin.de/~kant/kash.html`
Sage	`http://modular.math.washington.edu/sage/`
Singular	`http://www.singular.uni-kl.de`

Abb. 1.1. Weitverbreitete Computer-Algebra-Systeme.

Der interessierte Leser findet auf der Webseite
`http://krum.rz.uni-mannheim.de/cabench/diractiv.html` die Ergebnisse von Benchmark-Rechnungen (Vergleichsrechnungen) zwischen verschiedenen populären CAS. MuPAD (in der alten Version 1.2.2) ist dabei im Mittelfeld plaziert. Gewinner war Macsyma. Leider sind die Berechnungen mittlerweise leicht veraltet.

1.3 MuPAD

MuPAD ($\equiv$ Multi Processing Algebra Data tool[2]) ist ein kommerzielles Computer-Algebra-System, das mittlerweise in der Version 4.0 Pro (erschienen Juni 2006) vorliegt. Sämtliche Plattformen werden unterstützt. Es wurde ursprünglich von der MuPAD-Forschungsgruppe der Universität Paderborn unter der Leitung von Prof. Benno Fuchssteiner entwickelt; von 1997–2006 fand die weitere Entwicklung in Kooperation mit der Firma SciFace Software GmbH statt. Seit dem zweiten Halbjahr 2006 findet sie ausschließlich bei SciFace statt.

MuPAD bietet

- ein Computer-Algebra-System zur Manipulation symbolischer Formeln und dem Rechnen mit exakten und symbolischen Größen,

---

[2] Andererseits kommt einem bei der Abkürzung auch die Stadt Paderborn in den Sinn.

- Programmpakete zu Linearer Algebra, Differentialgleichungen, Zahlentheorie, Statistik, funktionaler Programmierung und vielen anderen Gebieten,
- ein interaktives Grafiksystem (seit Januar 2004 als erstes CAS mit transparenten Flächen in 3D), inklusive Animation,
- klassische und verifizierte Numerik beliebiger Genauigkeit und
- eine stark an mathematische Ausdrucksweisen angepasste Programmiersprache, die unter anderem objektorientiertes und funktionales Programmieren unterstützt.

Die Bedienung des Systems geschieht durch Eingabe von Kommandos; oft benutzte Kommandos sind auch per Mausklick zu erreichen. Die Kommandos sind betriebssystemunabhängig. MuPAD verwendet das Notebook-Konzept, was es erlaubt, in vorangegangene Kommandos zurück zu springen und sie zu bearbeiten.

MuPAD wird in der Wissenschaft, aber auch in Schulen und in der Wirtschaft eingesetzt. Die Bandbreite der möglichen Anwendungen reicht von einfachen Termumformungen und Linearer Algebra (auch über endlichen Körpern und anderen algebraischen Strukturen) über lineare Optimierung, Differentialgleichungen bis zu hochgenauen numerischen Berechnungen. Für die Beschleunigung einzelner Teilrechnungen lässt MuPAD sich durch eigene C++-Routinen erweitern; auch die Anbindung von Java-Code ist realisiert.

Mittlerweile gibt es auch einige Literatur zu MuPAD. Wir empfehlen insbesondere die Einführungen, die von den Entwicklern von MuPAD geschrieben worden sind [9, 3]. Das Werk von M. MAJEWSKI [12] zeigt in zahlreichen instruktiven Beispielen, wie man MuPAD als vollständige Programmiersprache verwenden kann.

2
Streifzug durch MuPAD

Im folgenden Abschnitt beschreiben wir einige mathematische Beispiele mit denen jedes moderne CAS aufwarten sollte. Wir schlagen einen Bogen über die Analysis und der Linearen Algebra bis hin zur elementaren Zahlentheorie. Aber trocken ist alle Theorie, deshalb sei der Leserin bzw. dem Leser empfohlen, die Beispiele am Computer auszuprobieren und selbständig zu variieren.

2.1 Starten des Programms

Das Programm kann duch das Anwählen des MuPAD-Symbols in der Menüleiste gestartet werden. Unter Linux kann das Programm in der Konsole mit dem Befehl mupkern für die Terminal-Version oder mit dem Befehl mupad für die grafische Version gestartet werden.[1]

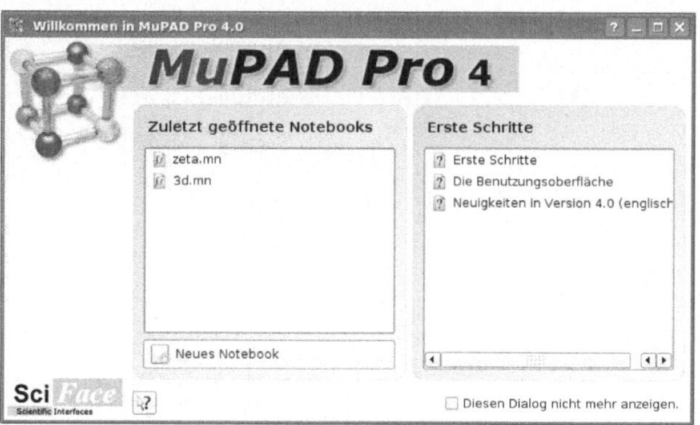

Abb. 2.1. MuPAD-Startdialog.

---

[1] In älteren MuPAD-Versionen wird die grafische Version mit xmupad und die Terminal-Version mit mupad gestartet.

Nach dem Start der grafischen Version erscheint zunächst ein Auswahlfenster, in dem man sich zwischen alten Notebooks, einem neuen Notebook und der Auswahl einiger Hilfe-Texte (´Erste Schritte´) entscheiden kann (siehe Abbildung 2.1).

Entscheidet man sich für die Anwahl eines neuen Notebooks (den Text ´Neues Notebook´ anklicken), dann erscheint das Notebook-Fenster von MuPAD (siehe Abbildung 2.2). Das Notebook-Konzept wird in Abschnitt 3.1 ausführlich erläutert.

Das Erstellen eigener Programme wird erleichtert durch das Paket MuPACS. MuPACS unterstützt das Programmieren in MuPAD innerhalb des Texteditors emacs durch einen speziellen Modus mit Highlighting und automatischem Einrücken. Man kann es kostenlos unter http://mupacs.sourceforge.net herunterladen.

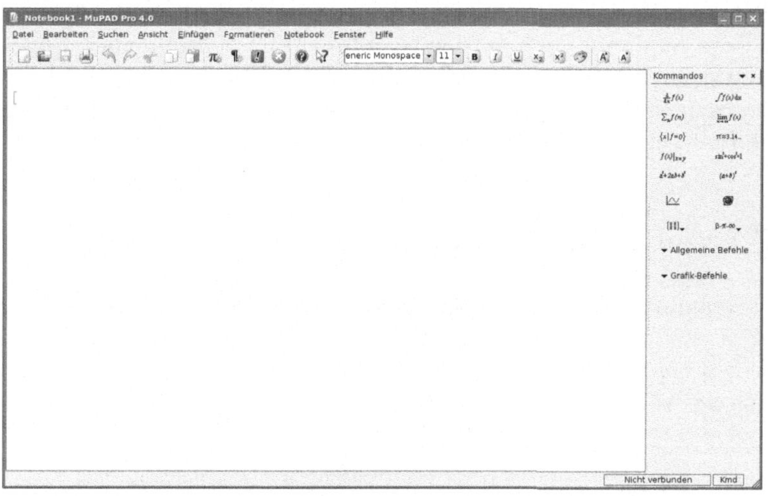

Abb. 2.2. MuPAD-Notebook-Fenster.

2.2 Notation und Überlebensregeln

2.2.1 Notation

Alle Befehle, Funktionen, Eingaben und Ausgaben von MuPAD werden im vorliegenden Buch durch Schreibmaschinenschrift wiedergegeben. Eingaben in MuPAD sind durch vorangestelltes >> gekennzeichnet, und die Ausgabe von MuPAD ist dann eingerückt.

Für die Ausgaben wird nicht der Formelsatz verwendet. Um die gleichen Ausgaben wie im Buch zu erhalten, schalte man im Menü ´Notebook´ die Option ´Formelsatz´ aus. Entsprechende Menüführung wird oft in der verkürzten Form ´Notebook´ -> ´Formelsatz´ notiert.

2.2.2 Überlebensregeln

Im Folgenden führen wir einige Grundregeln auf, die das Arbeiten mit MuPAD
stark erleichtern:

* Mehrere Befehle in einer Zeile werden durch ein Semikolon ; getrennt.
* Mit Hilfe eines Doppelpunkts : am Ende der Eingabe wird die Ausgabe
  unterdrückt.
* Die Eingabe %n gibt die Ausgabe des n-letzten Befehls wieder.
* Bei Eingaben, die über mehrere Zeilen gehen, kann ein Zeilenumbruch
  durch die Tastenkombination <SHIFT> <ENTER> oder über den Menüpunkt
  ´Einfügen´ erreicht werden.
* Das Löschen aller eigenen Variablen und das Zurücksetzen auf den An-
  fangsstatus gelingt mit dem Aufruf `reset()`.
* Mit der Funktion `anames(All)` werden alle bereits definierten Variablen
  angezeigt.
* Anzeigen aller selbst definierten Variablen gelingt mittels des Befehls
  `anames(All,User)`.

2.3 MuPAD als Taschenrechner

Natürlich kann man ein CAS auch als intelligenten Taschenrechner benutzen.
Was ist beispielsweise $2 + 2$?

```
>> 2+2
        4
```

Die Berechnung von Wurzel 2 zunächst symbolisch, das heißt als Ausdruck,
und dann als Gleitkommazahl gehört zu den grundlegendsten Fähigkeiten.
Die Anzahl der Stellen ist per Default auf 10 eingestellt und wird in der
Umgebungsvariablen DIGITS festgelegt.

```
>> sqrt(2)
         1/2
        2
>> sqrt(2.0)
        1.414213562
>> DIGITS := 80
        80
>> sqrt(2.0)
        1.41421356237309504880168872420969807856967 1\
        8753769480731766797379907324784 62107
```

MuPAD unterscheidet 2 und 2.0. Während die Eingabe 2 eine ganze Zahl
erzeugt, wird die Angabe von 2.0 als Gleitkommazahl interpretiert. Das zugehörige Ergebnis im zweiten Fall wird ebenfalls als Gleitkommazahl berech-

net.[2] Setzen wir DIGITS auf 80, so erhalten wir bei der gleichen Befehlsangabe nun die ersten 80 Stellen der Gleitkommadarstellung von $\sqrt{2}$.

Nützlich ist es, wie uns allen bekannt, die Dezimalbruchentwicklung von π auf möglichst viele Stellen anzugeben. Die Kreisteilungskonstante ist bereits durch PI vordefiniert und kann deshalb nicht mehr als weiterer Variablenname verwendet werden.

```
>> PI
        PI
>> float(PI)
        3.1415926535897932384626433832795028841971691\
        3993751058209749445923078164062862089
```

Die Verwendung des Befehls float erzwingt die Ausgabe als Gleitkommazahl. Zur Prüfung des Ergebnisses verweisen wir auf http://www.pibel.de.

2.4 Kurvendiskussion

Wir führen im Folgenden eine sogenannte Kurvendiskussion der (parameterisierten) Funktion

$$f : x \mapsto \frac{2x^2 - 20x + 42}{x - 1} + a, \quad a \in \mathbb{R}$$

durch. Das heißt, wir suchen die Nullstellen, Polstellen und Extremstellen der Funktion, untersuchen das Verhalten der Funktion in der Nähe der Polstellen, der Asymptotik für $x \to \pm\infty$ und sind an einem Schaubild des Funktionsgraphen interessiert.

- Die Eingabe der Funktion gelingt mittels der selbsterklärenden Eingabe[3]:

```
>> f := x -> (2*x^2-20*x+42)/(x-1)+a
        x -> ((2*x^2 - 20*x) + 42)/(x - 1) + a
```

- Den Funktionswert an der Stelle 5 erhalten wir durch:

```
>> f(5)
        a - 2
```

- Das Aufspüren von Definitionslücken gelingt mit dem Befehl discont, der die Menge der gefundenen Problemstellen zurückliefert.

```
>> Problemstellen := discont(f(x),x)
        {1}
```

---

[2] vgl. Kapitel 4.2.

[3] Einer der beliebtesten Fehler ist es, das Multiplikatsionszeichen * der mathematischen Gewohnheit folgend zu vergessen.

Wir weisen hier die Ausgabe von `discont` an die von uns definierte Variable `Problemstellen` zu.

```
>> Problemstellen
      {1}
```

- Der Verdacht eines Pols an der Stelle 1 liegt nahe. Wir vergewissern uns, indem wir den links- und rechtsseitigen Limes betrachten.

```
>> limit(f(x),x=1,Left)
      a - infinity
>> limit(f(x),x=1,Right)
      a + infinity
```

Es handelt sich also um eine Polstelle mit Vorzeichenwechsel. Die Ausgabe `a - infinity` ist korrekt, da die reelle Konstante a von uns nicht als solche spezifiziert worden ist. MuPAD führt deswegen keine weitere Vereinfachung durch.

- Mit Hilfe des Befehls `normal` lässt sich der Ausdruck[4] $f(x)$ auf eine Standardform bringen:

```
>> normal(f(x))
          2
     2 x  - 20 x - a + a x + 42
     ------------------------------
              x - 1
```

- Zur Berechnung der Nullstellen lösen wir die Gleichung $f(x) = 0$ nach x auf.[5]

```
>> Nullstellen := solve(f(x)=0,x)
     {            2             1/2
     {       (a  - 32 a + 64)    a
     { 5 - ---------------- - -,
     {            4             4


        2             1/2       }
     (a  - 32 a + 64)    a      }
     ---------------- - - + 5 }
            4             4     }
```

Wir erhalten als Ausgabe von `solve` die beiden Nullstellen in Form einer Menge und weisen sie der Variablen `Nullstellen` zu.

---

[4] Die Unterscheidung zwischen der Funktion f und dem Ausdruck $f(x)$ wird in Abschnitt 2.6 genauer beleuchtet.

[5] Die Funktion hängt ebenfalls vom Parameter a ab.

- Die Berechnung der (ersten) Ableitung der Funktion erhalten wir durch:

```
>> f'(x)
                        2
      4 x  - 20    2 x   - 20 x + 42
      --------  -  -----------------
       x - 1                 2
                        (x - 1)
```

- Nach den Sätzen der Analysis erweisen sich die Extremwerte der Funktion als Nullstellen der Ableitung:

```
>> Extremstellen := solve(f'(x)=0,x)
                1/2      1/2
      {1 - 2 3    , 2 3    + 1}
```

Hier weisen wir der Variablen `Extremstellen` die Nullstellen der Ableitung zu.

- Zur Feststellung, ob ein Minimum oder ein Maximum vorliegt, berechnen wir die zweite Ableitung der Funktion und betrachten den Wert der Funktion an den kritischen Stellen in Gleitkommadarstellung:

```
>> float(f''(1-2*sqrt(3)))
       -1.154700538
>> float(f''(2*sqrt(3)+1))
        1.154700538
```

Der Befehl `float` wandelt den exakten Funktionswert in eine Gleitkommazahl um.

- Die Asymptotik der Funktion f erhalten wir wiederum durch den `limit`-Befehl. Dabei gibt die Angabe `x=-infinity` an, dass der Grenzwert $\lim_{x \to -\infty} f(x)$ berechnet werden soll.

```
>> limit(f(x),x=-infinity)
       a + infinity
>> limit(f(x),x=infinity)
       a + infinity
```

- Zum Schluss plotten wir ein Bild des Funktionsgraphen. Hierzu spezifizieren wir zunächst den Parameter a. Wir setzen $a = -5$, $a = 0$ und $a = 5$:

```
>> f0 := subs(f(x),a=-5):
>> f1 := subs(f(x),a=0):
>> f2 := subs(f(x),a=5):
```

Der Befehl `subs` ersetzt die Variable a durch die Zahl -5, bzw. 0 und 5. Es entstehen die Ausdrücke `f0`, `f1` bzw. `f2`.
Wir können nun ein Schaubild der Funktionen erstellen (vgl. Abbildung 2.3). Hierzu verwenden wir den Befehl `plotfunc2d`.

```
>> plotfunc2d(f0,f1,f2,x=-10..10)
```

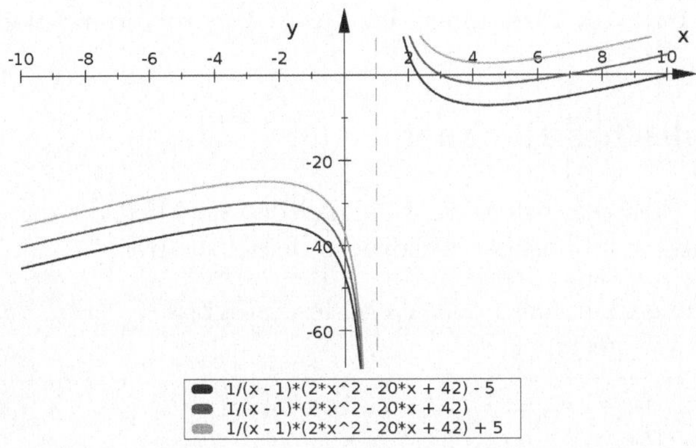

Abb. 2.3. Der Graph der Funktion f für $a = -5$, $a = 0$ und $a = 5$.

Wir können auch den Parameter a der Funktion f als Funktionsvariable auffassen und erhalten eine Funktion in zwei Veränderlichen.

```
>> g := (x,a) -> (2*x^2-20*x+42)/(x-1)+a:
```

Mit Hilfe des Befehls `plotfunc3d` können wir den Graphen der Funktion g als Fläche im $\mathbb{R}^3$ darstellen (vgl. Abbildung 2.4).

```
>> plotfunc3d(g(x,a),x=-10..10,a=-5..5)
```

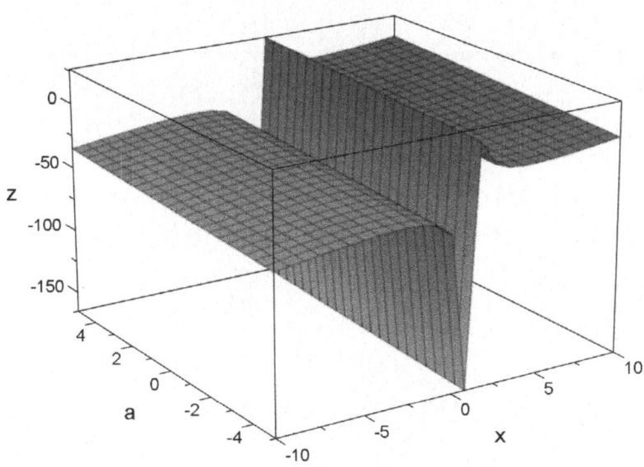

Abb. 2.4. Der Graph der Funktion g.

Auch eine Animation des Parameters a für die Funktion f ist möglich:

```
>> plotfunc2d(f(x),x=-10..10,a=-5..5)
```

Wir erhalten eine Animation des Graphen der Funktion f von $a = -5$ bis $a = 5$. Die Leserin bzw. der Leser möge sich durch Ausprobieren davon überzeugen.

2.5 Symbolisches Rechnen

Die folgenden Beispiele sollen die Fähigkeiten von MuPAD zur Manipulation und Berechnung symbolischer Ausdrücke demonstrieren.

- Wir berechnen zunächst den Wert des Integrals $\int_0^\infty x^4 e^{-x} dx$. Hierzu ist der Befehl int geeignet:

```
>> int(x^4*exp(-x),x=0..infinity)
      24
```

Die Angabe x=0..infinity gibt an, dass über x von 0 bis ∞ integriert werden soll.

- Mit Hilfe des Befehls int lassen sich auch unbestimmte Integrale berechnen. Wir bestimmen als Beispiel eine[6] Stammfunktion von $\frac{1+\sin(x)}{1+\cos(x)}$.

```
>> f :=  x -> (1+sin(x))/(1+cos(x)):
>> int(f(x),x)

                                    / cos(x)        \
        sin(x) - 2 ln(2 cos(x) + 2) | ------ + 1/2 |
                                    \   2          /

        -----------------------------------------------
                           cos(x) + 1
```

- Zu beachten ist, dass der Befehl int einen Ausdruck als Parameter erwartet.

```
>> int(f,x)
Error: Illegal integrand [int]
```

- Eine einfache Möglichkeit zur Manipulation von Ausdrücken bieten die zueinander komplementären Befehle expand und factor.

```
>> expand((x-1)*(x-2)*(x-3)*(x-4))
          4         3          2
         x  - 10 x  + 35 x  - 50 x + 24
>> factor(%)
         (x - 1) (x - 2) (x - 3) (x - 4)
```

---

[6] Die Stammfunktion ist nur bis auf eine Konstante bestimmt.

- Oft ist es sinnvoll, Ausdrücke nach Potenzen von ausgewählten Variablen anzuordnen. Dies leistet der Befehl `collect`.

```
>> collect(x^2+2*x+b*x^2+sin(x)+a*x,x)
                2
     (b + 1) x   + (a + 2) x + sin(x)
```

Der Ausdruck wird also von links nach rechts absteigend sortiert.

- Wichtig beispielsweise zur Berechnung der Stammfunktion ist die Bestimmung der Partialbruchzerlegung gebrochen rationaler Funktionen. Wir betrachten hier das einfache Beispiel $\frac{x^2}{x^2-1}$.

```
>> partfrac(x^2/(x^2-1),x)
          1                1
     ----------  -  ----------  + 1
      2 (x - 1)      2 (x + 1)
```

- Der Befehl `simplify` zeigt uns, was ein CAS unter der *Vereinfachung* eines Ausdrucks versteht.

```
>> simplify((exp(x)-1)/(exp(x/2)+1))
         / x \
     exp| - | - 1
         \ 2 /
```

Die Manipulation von Ausdrücken wird in Abschnitt 6 noch genauer behandelt.

2.6 Funktionen versus Ausdrücke

Eine Besonderheit von MuPAD ist die strikte Unterscheidung zwischen einem *Ausdruck* und einer *Funktion*. Viele Befehle erwarten entweder Funktionen oder Ausdrücke als Parameter. Dies ist eine häufige Fehlerquelle. Wir geben deshalb einige Beispiele.

```
>> f := x -> sin(x)
        x -> sin(x)
>> g := sin(x)
        sin(x)
```

Hier ist f als Funktion und g als Ausdruck definiert.

```
>> f(1), g(1)
        sin(1), sin(x)(1)
```

Für die Funktion f wird $f(1)$ als Funktionswert erkannt. Bei $g(1)$ dagegen wird der Ausdruck g durch den Ausdruck $\sin(x)$ ersetzt.

```
>> int(f,x)
Error: Illegal integrand [int]
>> int(f(x),x)
         -cos(x)
>> f(x)-g
         0
>> h := fp::unapply(g,x)
         x -> sin(x)
```

f ist eine Funktion. Durch f(x) wird hieraus ein Ausdruck. Von diesem kann
nun das Integral berechnet werden.

Auch der umgekehrte Fall ist möglich. Mittels der Funktion unapply aus der
Systembibliothek fp können wir einen Ausdruck in eine Funktion umwandeln.

2.7 Analytische Geometrie und Lineare Algebra

Einer der wichtigsten Stützpfeiler der modernen Mathematik ist die Lineare
Algebra. Wir zeigen an dem Beispiel des Schnittes einer Geraden mit einer
Ebene im $\mathbb{R}^3$ die Fähigkeiten von MuPAD.

Sei die Ebene E und die Gerade g gegeben in Parameterform:

$$E : \mathbf{x} = \begin{pmatrix} 2 \\ 1 \\ -1 \end{pmatrix} + l \begin{pmatrix} 1 \\ -1 \\ -1 \end{pmatrix} + m \begin{pmatrix} -3 \\ 1 \\ 4 \end{pmatrix}, \quad \text{mit } l, m \in \mathbb{R},$$

$$g : \mathbf{x} = \begin{pmatrix} 3 \\ 0 \\ 1 \end{pmatrix} + k \begin{pmatrix} 4 \\ -1 \\ 2 \end{pmatrix}, \quad \text{mit } k \in \mathbb{R}.$$

Wir verschaffen uns zunächst ein Bild der Lage und stellen Gerade und Ebene
in einer gemeinsamen Grafik dar. Zunächst definieren wir das Grafikobjekt der
Ebene.

```
>> E1 := 2+l-3*m: E2 := 1-l+m: E3 := -1-l+4*m:
>> Ebene := plot::Surface([E1,E2,E3],l=-3..3,m=-3..3):
```

Dann definieren wir das Grafikobjekt der Geraden.

```
>> g1 := 3+4*k: g2 := -k: g3 := 1+2*k:
>> Gerade := plot::Curve3d([g1,g2,g3],k=-3..3):
```

Mit Hilfe des Befehls `plot` können wir die Grafik mit MuPAD ausgeben (vgl. Abbildung 2.5).

```
>> plot(Ebene,Gerade)
```

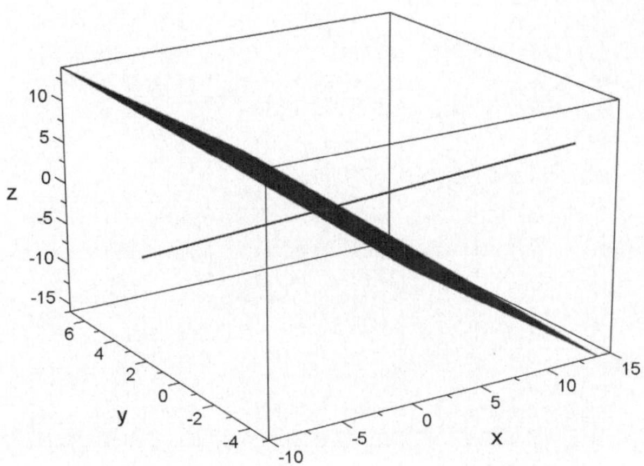

Abb. 2.5. Die Ebene E und die Gerade g.

Ins Auge fällt hier die Eigenschaft von MuPAD, dass zunächst die Grafikobjekte `Ebene` und `Gerade` erzeugt werden. Diese werden dann mittels des `plot`-Befehls in einer gemeinsamen Grafik auf dem Rechner dargestellt.

2.8 Analytische Lösung

Die grafische Anschauung suggeriert die Existenz genau eines Schnittpunktes. Zu seiner exakten Bestimmung setzen wir die beiden Parameterformen gleich.

$$\begin{pmatrix} 2 \\ 1 \\ -1 \end{pmatrix} + l \begin{pmatrix} 1 \\ -1 \\ -1 \end{pmatrix} + m \begin{pmatrix} -3 \\ 1 \\ 4 \end{pmatrix} = \begin{pmatrix} 3 \\ 0 \\ 1 \end{pmatrix} + k \begin{pmatrix} 4 \\ -1 \\ 2 \end{pmatrix}$$

Das heißt

$$\underbrace{\begin{pmatrix} 1 & -3 & -4 \\ -1 & 1 & 1 \\ -1 & 4 & -2 \end{pmatrix}}_{=:\,A} \underbrace{\begin{pmatrix} l \\ m \\ k \end{pmatrix}}_{=:\,L} = \underbrace{\begin{pmatrix} 1 \\ -1 \\ 2 \end{pmatrix}}_{=:\,b}$$

und wir erhalten das lineare Gleichungssystem (LGS) $AL = b$.

- Zur computergestützten Lösung des LGS definieren wir in MuPAD zunächst die Matrix A und den Vektor b.

```
>> A := matrix([[1,-3,-4],[-1,1,1],[-1,4,-2]])
        +-                -+
        |    1,  -3,  -4   |
        |                  |
        |   -1,   1,   1   |
        |                  |
        |   -1,   4,  -2   |
        +-                -+
>> b := matrix([1,-1,2])
        +-      -+
        |    1   |
        |        |
        |   -1   |
        |        |
        |    2   |
        +-      -+
```

- Die Lösung des LGS besorgt nun die Funktion `matlinsolve` aus der Systembibliothek `linalg`.

```
>> L := linalg::matlinsolve(A,b)
        +-        -+
        |    6/5   |
        |          |
        |    3/5   |
        |          |
        |   -2/5   |
        +-        -+
```

- Nach Definition des LGS erhalten wir den Schnittpunkt für $k = -2/5$. Wir setzen diesen Wert in die Parameterform der Geraden g ein und erhalten so die Koordinaten des Schnittpunkts x_s.

```
>> k := L[3]
        -2/5
>> x_s := matrix([g1,g2,g3])
        +-        -+
        |    7/5   |
        |          |
        |    2/5   |
        |          |
        |    1/5   |
        +-        -+
```

2.9 Matrizenoperationen

Die Fähigkeiten von MuPAD bei Rechenoperationen mit Matrizen demonstrieren die folgenden Beispiele.

- Wir definieren zunächst zwei 3×3-Matrizen A und B und berechnen dann die Matrizen AB, $A - B$ und $A + B$. MuPAD erkennt hier selbständig, dass die Operatoren $*$, $+$ und $-$ sich auf die Rechenregeln für Matrizen beziehen.

```
>> A := matrix([[1,-3,-4],[-1,1,1],[-1,4,-2]]):
>> B := matrix([[1,0,0],[0,1,1],[1,1,1]]):
>> A*B, A-B
      +-              -+  +-              -+
      |  -3,  -7,  -7  |  |   0,  -3,  -4  |
      |                |  |                |
      |   0,   2,   2  |, |  -1,   0,   0  |
      |                |  |                |
      |  -3,   2,   2  |  |  -2,   3,  -3  |
      +-              -+  +-              -+

>> A+B
      +-              -+
      |   2,  -3,  -4  |
      |                |
      |  -1,   2,   2  |
      |                |
      |   0,   5,  -1  |
      +-              -+
```

- Auch die Berechnung des Inversen (mit Probe) stellt für MuPAD keine größere Schwierigkeit dar.

```
>> A^(-1), A*A^(-1)
      +-                        -+  +-            -+
      |  -2/5,  -22/15,   1/15   |  |  1, 0, 0     |
      |                          |  |              |
      |  -1/5,   -2/5,    1/5    |, |  0, 1, 0     |
      |                          |  |              |
      |  -1/5,  -1/15,  -2/15    |  |  0, 0, 1     |
      +-                        -+  +-            -+
```

- Wir berechnen noch die Determinante der Matrix A mit der Funktion det aus der Bibliothek linalg.

```
>> linalg::det(A)
      15
```

2.10 Etwas Zahlentheorie

Zum Schluss des Abschnitts betreiben wir etwas Zahlentheorie.

- Wir beginnen mit einigen Primzahltests für die sogenannten *Fermatschen Zahlen*[7] $F_n = 2^{2^n} + 1$ und suchen die kleinste dieser Zahlen, die keine Primzahl ist und berechnen ihre Teiler.

```
>> F := 2^(2^n)+1:
>> n :=1: F, isprime(F)
        5, TRUE
>> n := 2: F, isprime(F)
        17, TRUE
>> n := 3: F, isprime(F)
        257, TRUE
>> n := 4: F, isprime(F)
        65537, TRUE
>> n := 5: F, isprime(F)
        4294967297, FALSE
```

```
>> numlib::divisors(F)
        [1, 641, 6700417, 4294967297]
```

Die Funktion `isprime` testet die Primeigenschaft einer ganzen Zahl, und die Funktion `divisors` aus der Bibliothek `numlib` berechnet die Teiler.

- In diesem Beispiel listen wir die Primzahlen bis 100 auf:

```
>> M := [i $ i=1..100]:
>> select(M,isprime)
        [2, 3, 5, 7, 11, 13, 17, 19, 23, 29,
         31, 37, 41, 43, 47, 53, 59, 61, 67,
         71, 73, 79, 83, 89, 97]
```

Wir erzeugen zunächst eine Liste der Zahlen von 1 bis 100 und speichern sie im Bezeichner `M` ab. Hierbei verwenden wir den $-Operator, mit dessen Hilfe sich bequem einfache Schleifen programmieren lassen (vgl. Kapitel 3.5). Der Befehl `select` wählt nun alle Elemente, die Primzahlen sind, aus der Liste M aus.

- Ein bis heute ungelöstes Problem ist die Fragestellung, ob es unendlich viele *Mersennesche Primzahlen*, das heißt Primzahlen der Form $2^p - 1$ für eine Primzahl p, gibt. Wir bestimmen im folgenden Beispiel die Mersenneschen Primzahlen im Bereich $p \leq 1000$.

---

[7] vgl. P. BUNDSCHUH [2], Seite 80.

```
>> M := select([i $ i=1..1000],isprime):
>> select(M, p -> isprime(2^p-1))
        [2, 3, 5, 7, 13, 17, 19, 31, 61, 89,
         107, 127, 521, 607]
>> numlib::mersenne()
```

Die Funktion `mersenne` aus der Bibliothek `numlib` kann natürlich auch verwendet werden. Sie listet alle MuPAD bekannten Mersenneschen Primzahlen auf. Wir haben die Ausgabe hier weggelassen.

- Wir geben die Anzahl der natürlichen Zahlen ≤ 1000 an, die genau $1, 2, \ldots, 50$ Teiler haben.
  Zunächst erstellen wir eine Liste mit den Zahlen von 1 bis 1000 und definieren die Funktion `anz_teiler`, die jeder Zahl die Anzahl ihrer Teiler zurückliefert.

```
>> L1 := [i $ i=1..1000]:
>> anz_teiler := n -> nops(numlib::divisors(n)):
```

Die Funktion `divisors` aus der Bibliothek `numlib` gibt alle positiven Teiler einer natürlichen Zahl n zurück. Mittels der Funktion `nops` wird die Anzahl der gefundenen Teiler ermittelt. Mit Hilfe des Befehls `map` können wir die Funktion `anz_teiler` auf alle Elemente der Liste L1 anwenden.

Zum Schluss geben wir mit einer Schleife für jedes i mit $1 \leq i \leq 50$ die Anzahl der Zahlen aus, die genau i Teiler haben. Aus Platzgründen ist die Ausgabe zweispaltig dargestellt.

```
>> L2 := map(L1,anz_teiler):
>> for i from 1 to 50 do
     print(i,nops(select(L2, x -> (x=i))))
   end_for:
         1, 1                  26, 0
         2, 168                27, 1
         3, 11                 28, 1
         4, 292                29, 0
         5, 3                  30, 1
         6, 110                31, 0
         7, 2                  32, 1
         8, 180                33, 0
         9, 8                  34, 0
         10, 22                35, 0
         11, 0                 36, 0
         12, 97                37, 0
         13, 0                 38, 0
         14, 5                 39, 0
         15, 4                 40, 0
         16, 48                41, 0
```

```
        17 , 0              42 , 0
        18 , 17             43 , 0
        19 , 0              44 , 0
        20 , 11             45 , 0
        21 , 1              46 , 0
        22 , 0              47 , 0
        23 , 0              48 , 0
        24 , 16             49 , 0
        25 , 0              50 , 0
```

Man sieht, dass es eine Zahl mit 32 Teilern gibt. Diese kann mit dem Befehl contains gefunden werden. contains liefert die Position des ersten Vorkommens eines Elements in einer Liste zurück. Mit dem Befehl divisors können wir uns die Teiler ausgeben lassen.

```
>> contains(L2,32)
        840
>> numlib::divisors(840)
        [1,  2,  3,  4,  5,  6,  7,  8,  10,  12,  14,
         15,  20,  21,  24,  28,  30,  35,  40,  42,
         56,  60,  70,  84,  105,  120,  140,  168,
         210,  280,  420,  840]
```

3

Grundlagen von MuPAD

Nach dem Streifzug im letzten Kapitel wird MuPAD nun systematischer betrachtet. Wir beginnen mit einer Darstellung des Aufbaus von MuPAD. Danach studieren wir die Mechanismen, denen MuPAD bei einer Zuweisung folgt. Die Kapitel 3.3 und 3.4 beschäftigen sich mit Objekten und dem Zerlegen in ihre Bestandteile. Abschließend werden die Operatoren und das Bibliothekskonzept vorgestellt.

3.1 Aufbau von MuPAD

Im Wesentlichen besteht MuPAD aus den folgenden Komponenten: dem sogenannten Kern, dem Notebook, der Grafik, dem Hilfesystem, dem Debugger und den Bibliotheken. Das Zusammenspiel dieser Bausteine wird in Abbildung 3.1 verdeutlicht.

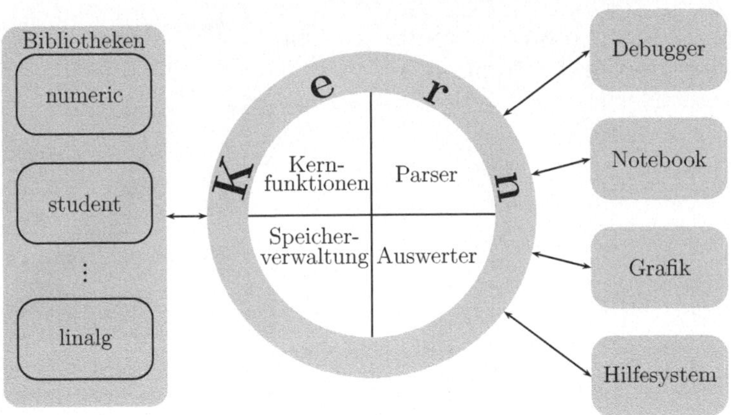

Abb. 3.1. Die Struktur von MuPAD.

Der *Kern* ist das Herz von MuPAD. Er lässt sich unterteilen in den Parser, den Auswerter, die Speicherverwaltung und die Kernfunktionen.

Der *Parser* ist für die Überprüfung der Syntax von Eingaben und die Übergabe an den Auswerter zuständig. Dabei wird eine Eingabe mit richtiger Syntax in Objekte von MuPAD-Datentypen umgewandelt.

Der *Auswerter* führt die Befehle der Eingabe aus und vereinfacht die Ergebnisse. Die genaue Vorgehensweise und ihre Manipulationsmöglichkeiten werden in den Kapiteln 3.2 und 3.4 behandelt.

Die *Speicherverwaltung* verwaltet intern die MuPAD-Objekte. Das Objekt- und Datentypkonzept in MuPAD wird in Kapitel 3.3 betrachtet.

Zu den *Kernfunktionen* gehören oft benötigte Algorithmen, zum Beispiel aus der Arithmetik. Aus Effizienzgründen wurden die Kernfunktionen sowie der gesamte Kern in C/C++ geschrieben.

Das *Notebook*-Konzept ist seit der Version MuPAD Pro 3.2 auch für Linux-Systeme verfügbar. Es wird allerdings in dieser Einführung nur nebensächlich behandelt. Das Notebook-Konzept bietet die Möglichkeit, zum einen mehrere MuPAD-Arbeitsblätter gleichzeitig zu öffnen, zum anderen erlaubt es, zwischen erklärendem Text und zu berechnenden Eingaben zu unterscheiden. Die Oberfläche ist sehr intuitiv gestaltet. Durch Anwenden und Ausprobieren gewöhnt man sich schnell an das Notebook-Konzept.

Dennoch erläutern wir ein paar Eigenschaften dieser Oberfläche, die das Arbeiten mit MuPAD angenehmer gestalten. Zur Erläuterung hilft uns Abbildung 3.2.

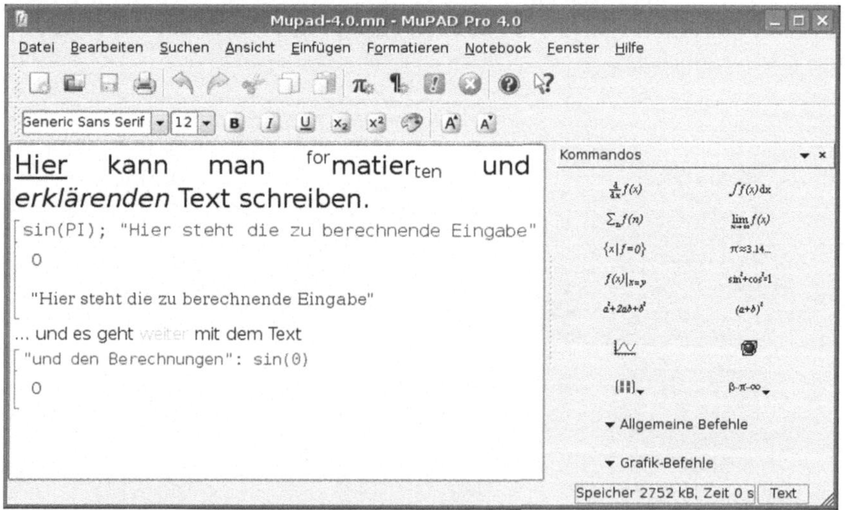

Abb. 3.2. Notebook in MuPAD.

Wie man in der Abbildung erkennen kann, ermöglicht MuPAD sowohl die Eingabe von Befehlen und deren Ausgabe (Rechnungstext) als auch die Eingabe von erklärendem Text (normaler Text). Dabei kann der normale Text auf die aus Textverarbeitungssoftware bekannte Art und Weise formatiert werden. Die Schriftart, -größe, -farbe und der Hintergrund des Rechnungstextes kann ebenfalls geändert werden. Diese Formatierungen können über den Menüpunkt *´Formatieren´* oder durch die Buttons der Werkzeugleiste verändert und standardisiert werden.

Eine weitere Neuerung erfuhr auch der Umgang mit Dateien, den *Arbeitsblättern*. In einem Arbeitsblatt, das in einer vorherigen Sitzung gespeichert und nun wieder geöffnet werden kann, können mit Hilfe des Befehls *´Alles berechnen´* im Menüpunkt *´Notebook´* alle Rechnungstexte ausgeführt werden. Diese Funktion ermöglicht das Testen von Abhängigkeiten von Bezeichnern und selbstgeschriebenen Funktionen in einem Arbeitsblatt.

Hinter der Schaltfläche *´Allgemeine Befehle´* im Unterfenster *´Kommandos´* verbirgt sich eine Aufstellung der gebräuchlichsten Kommandos in MuPAD. Diese Befehle werden beim Anklicken der entsprechenden Schaltfläche in das Arbeitsblatt an der Stelle des Cursors eingefügt. Dabei werden auch die notwendigen Optionen der Befehle berücksichtigt. So bewirkt ein Klick auf den Menüpunkt *´Allgemeine Befehle´* -> *´Analysis´* -> *´Rechtsseitiger Grenzwert´* folgende Eingabe: `limit(, %? = %?, Right)`. Der Cursor steht nun zwischen der öffnenden Klammer und dem folgenden Komma. Durch Drücken der `<TAB>`-Taste springt der Cursor zum ersten `%?`-Ausdruck und markiert ihn; ein weiteres Drücken lässt ihn zum zweiten `%?`-Ausdruck springen. Dadurch wird die Bedienung komfortabler.

Die *Grafik* in MuPAD wurde für die Version 3.2 ebenfalls überarbeitet und für die Version 4.0 noch einmal verfeinert. Die Grafikausgaben werden im Arbeitsblatt direkt und nicht mehr - wie zuvor - extern angezeigt. Da die Anwendungen und Optionen der Grafikausgabe sehr umfangreich sind, haben wir dieser Thematik das Kapitel 9 gewidmet.

Bei dem *Hilfesystem* handelt es sich um ein externes Fenster, in dem über verschiedene Eingabe- und Auswahlmöglichkeiten die erwünschte Hilfedatei gefunden werden kann. Einen Eindruck des Hilfefensters ermöglicht Abbildung 3.3.

In dieser Abbildung kann man zunächst den zweigeteilten Fensteraufbau erkennen. Das linke *´Hilfebrowser´*-Fenster beinhaltet die verschiedenen Menüpunkte zum Suchen von Hilfeinhalten. Das rechte große Anzeigefenster zeigt die aufgerufene Hilfedatei, die das Look'n'Feel eines Arbeitsblattes hat. So wird beim Betätigen der Taste `<ENTER>` am Ende eines Beispiels dieses Beispiel in das aktuelle Arbeitsblatt kopiert, wo es dann getestet werden kann.

Betrachten wir nun die einzelnen Suchoptionen. Unter dem Punkt *´Inhalte´* im *´Hilfebrowser´* findet man die Hilfe- und Dokumentationsdateien der einzelnen Bibliotheken. Diese Dateien geben eine Übersicht über das The-

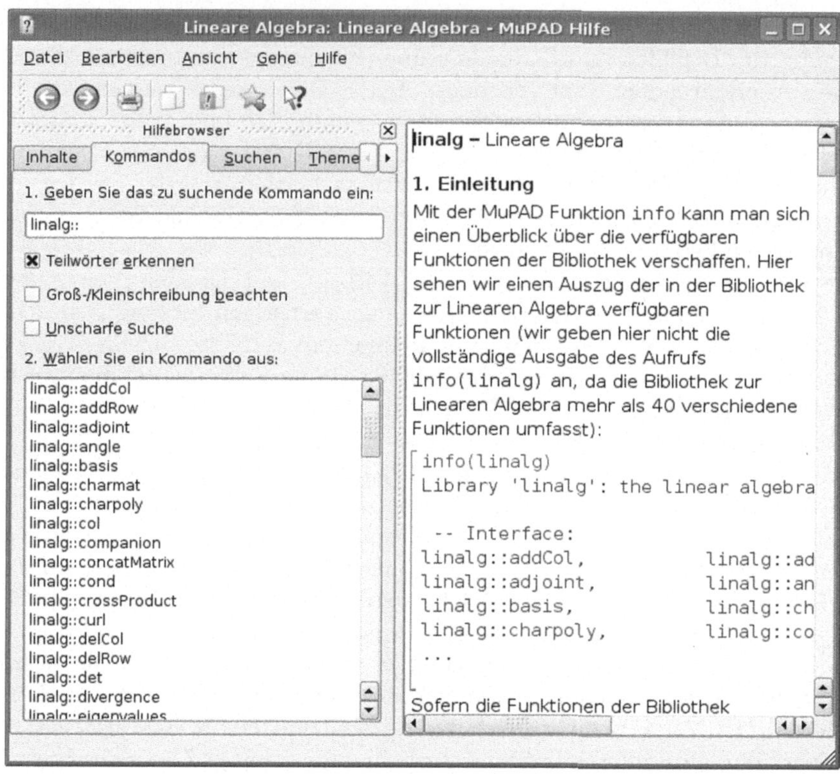

Abb. 3.3. Das Hilfefenster von MuPAD.

mengebiet einer Bibliothek und die enthaltenen Befehle. Dabei werden auch
Beispiele im Umgang mit der Bibliothek und ihren Befehlen gegeben.

Die Suchoption ´*Kommandos*´ ermöglicht die Suche nach einer bestimmten
Zeichenkette in allen Befehlen. Dabei gibt es jeweils eine Option, die die Groß-
schreibung außer Acht lässt, die auch nach Teilwörtern sucht oder eine un-
scharfe Suche zulässt. Dabei reagiert das Eingabefeld interaktiv. Es wird also
nach jeder Eingabe eines neuen Zeichens neu gesucht.

In den meisten Hilfedateien finden sich Referenzen auf andere Begriffe oder
Befehle, die über den implementierten Hypertext aufgerufen werden können.
Man klicke einfach auf die in blau unterlegten Befehle und Begriffe. Dadurch
ist ein kontextsensitives Browsen in den Hilfedateien möglich. Darüber hin-
aus kann man über die aus Internetbrowsern bekannten Pfeilbuttons in der
Werkzeugleiste navigieren.

Man kann aber die Hilfedateien auch ohne Navigieren über die Hilfeseiten erreichen. Die Eingabe `?befehl` innerhalb einer Eingaberegion für Berechnungen
öffnet die entsprechende Hilfedatei in dem Hilfebrowser.

Mit `info(befehl)` wird eine Kurzbeschreibung des Befehls `befehl` ausgegeben. Dabei kann `befehl` auch eine Bibliothek sein.

Der *Debugger* hilft bei der Fehlersuche in selbstgeschriebenen MuPAD-Programmen. Diese Funktionalität ist für unsere Einführung nicht interessant, so dass hier nicht näher auf sie eingegangen wird.

Eine *Bibliothek* ist eine Menge von Befehlen zu einem bestimmten Thema. Die Funktionsweise von Bibliotheken wird in Kapitel 3.6 näher behandelt.

3.2 Zuweisungen

Für das Verständnis der Arbeitsweise von MuPAD ist es essentiell, das Verhalten von MuPAD bei Zuweisungen zu verstehen. Zuweisungen ermöglichen es, mathematische Formeln, Zahlen oder andere Objekte mit Namen zu belegen. Zur Motivation beginnen wir mit einem Beispiel:

```
>> x := z: y := x-f:
>> f := x^2-3*x+4: z := 3: y
            -1
>> z := 4: y
            -4
```

Was ist hier passiert? Warum ist y in der dritten Zeile -1 und in der nächsten Zeile -4?
Um dieses Verhalten nachvollziehen zu können, erläutern wir zunächst die Begriffe Bezeichner, Wert, Zuweisung und Auswertung, um dann das Zusammenspiel zwischen ihnen zu begreifen.

Unter einem *Bezeichner* (engl. *identifier*) versteht man Namen, wie zum Beispiel f oder x. Sie können im mathematischen Kontext sowohl Variablen als auch Zahlen, Funktionen, Vektoren oder andere Objekte repräsentieren. Bezeichner werden aus Buchstaben, Ziffern und dem Unterstrich _ zusammengesetzt, wobei zwischen Groß- und Kleinschreibung unterschieden wird und die Bezeichner nicht mit einer Ziffer beginnen dürfen. Auch werden als Bezeichner beliebige Zeichenketten, vom Zeichen ` eingeklammert, akzeptiert. Durch den Punktoperator können ebenfalls Bezeichner durch Aneinanderreihung von Zeichenketten erzeugt werden. Auf die Funktionsweise von Operatoren im Allgemeinen und des Punktoperators im Speziellen wird in Kapitel 3.5 näher eingegangen.

```
>> a := 3; _45 := 4; MuPAD := 5; '1' := 2
            3
            4
            5
            2
```

```
>> '1'; c := b.'1'
      2
      b2
>> 4_5 := 45
Error: Unexpected 'identifier' [col 2]
>> neun acht := 98
Error: Unexpected 'identifier' [col 6]
>> p~ := 3.14
Error: Illegal character '~' [col 2]
```

Dieses Beispiel zeigt uns in der zweiten Eingabezeile mit `'1'; c := b.'1'`
eine wichtige Eigenschaft der Bezeichner in MuPAD, die wir im Laufe dieses
Kapitels zu verstehen versuchen. Es handelt sich dabei um die Weitergabe eines Objektes, welches von dem Bezeichner repräsentiert wird. In unserem Fall
repräsentiert der Bezeichner `'1'` das Objekt 2. Mit dem Befehl `c := b.'1'`
wird dieses Objekt zusammen mit b an den Bezeichner c weitergegeben. Damit
repräsentiert c nun $b2$.

Unter dem *Wert* eines Bezeichners versteht man ein Objekt eines bestimm-
ten Datentyps. Das Zusammenspiel von Objekten und Datentypen wird in
Kapitel 3.3 betrachtet. Beispiele von Datentypen sind die natürlichen Zah-
len, die komplexen Zahlen oder Funktionen. Ein Objekt ist eine Instanz eines
Datentyps. Der Begriff Wert wird im Folgenden näher mittels der Begriffe
Zuweisung und Auswertung betrachtet.

Mit dem *Zuweisungsoperator* `:=` wird die Operation `bez := wert` durchgeführt. Dem Bezeichner `bez` wird damit der Wert `wert` zugewiesen. Zum
MuPAD-Befehl `_assign(bez,wert)` ist `bez := wert` die Kurzschreibweise.

```
>> rot := 344: rot
       344
>> _assign(rot,345): rot
       345
```

Die *Auswertung* eines Bezeichners setzt alle bekannten Informationen über
den Wert des Bezeichners ein. Gegebenenfalls werden Vereinfachungen durchgeführt. Ausgehend von der letzten Zuweisung des Bezeichners berücksichtigt
die Auswertung alle danach erfolgten Zuweisungen.
Dabei werden die Bezeichner, die auf der rechten Seite der Zuweisung stehen,
durch ihre Werte, soweit vorhanden, ersetzt. Wenn diese Werte wiederum
Bezeichner, die ein Objekt repräsentieren, enthalten, werden diese Bezeichner
durch ihre Werte ersetzt. Dieses Verfahren wird solange rekursiv fortgesetzt,
bis für alle Bezeichner alle Informationen ausgewertet sind.
Durch dieses Verfahren werden auch indirekt genutzte Bezeichner, also Bezeichner, die nicht in der Befehlszeile direkt auftreten, bei der Auswertung
berücksichtigt.

Der Leser sei noch einmal ausdrücklich darauf hingewiesen, dass die gleiche Zuweisung zu unterschiedlichen Zeiten ausgeführt zu unterschiedlichen Auswertungen führen kann.

Wir beleuchten die Arbeitsweise der Auswertung eines Bezeichners zunächst anhand von zwei Beispielen. Danach betrachten wir das Zusammenspiel von Wert und Auswertung. Dabei soll der Begriff Wert abschließend geklärt werden.

```
>> d := x^2: x := 3: d
        9
>> d := x^2: x := 6: d
        9
```

Im ersten Beispiel wird dem Bezeichner d der Wert x^2 zugewiesen. Die Auswertung von d ist jetzt x^2. Dann wird dem Bezeichner x der Wert 3 zugewiesen. Damit ändert sich die Auswertung von d, da die letzte Zuweisung berücksichtigt wird. Die Auswertung von d ist 9.

Das zweite, folgende Beispiel gibt ein zunächst überraschendes Ergebnis. Die Auflösung erfolgt schon mit der ersten Zuweisung. Dort wird dem Bezeichner d wieder x^2 zugewiesen. Allerdings repräsentiert der Bezeichner x schon ein Objekt, nämlich die Zahl 3. Also wird der Bezeichner durch dieses Objekt ersetzt. d wird hier schon das Objekt 9 zugewiesen. Damit hat die zweite Zuweisung x := 6 keine Auswirkung auf die Auswertung d.

Betrachten wir nun das Zusammenspiel von Wert und Auswertung. *Der Wert eines Bezeichners ist die Auswertung zum Zeitpunkt der Zuweisung.* Bei einer Zuweisung werden alle vorherigen Zuweisungen bzw. alle Werte von Bezeichnern berücksichtigt und mitausgewertet.

Da es sich um eine Auswertung zu einem bestimmten Zeitpunkt, nämlich dem Zeitpunkt der Zuweisung, handelt, wird hier genauso verfahren wie bei einer normalen Auswertung. Alle Bezeichner werden soweit wie möglich durch ihre Werte ersetzt. Dies erfolgt in der Regel rekursiv, bis keine ersetzbaren Bezeichner mehr in der Auswertung vorkommen. Es gibt wenige Ausnahmen, in denen MuPAD nicht automatisch alle verfügbaren Werte einsetzt.[1] Es folgt, dass sich die Auswertung eines Bezeichners ändern kann, aber nicht der Wert. Ausgenommen es handelt sich um eine neue Zuweisung des Bezeichners.

Um die Erklärung dieser Begriffe abzuschließen, betrachten wir noch einmal unser Eingangsbeispiel:

```
>> x := z: y := x-f:
>> f := x^2-3*x+4: z := 3: y
        -1
>> z := 4: y
        -4
```

---

[1] vgl. Kapitel 3.4.

Was ist passiert? Warum entstehen unterschiedliche Auswertungen von y? Der Grund liegt in der ersten Zuweisung x := z. Hier wird der Bezeichner x mit dem Wert z belegt. Dadurch wird in der zweiten Zuweisung y nicht der Wert $x - f$ sondern $z - f$ zugewiesen. Ebenso hat f in der dritten Zuweisung nicht den Wert $x^2 - 3 * x + 4$ sondern $z^2 - 3 * z + 4$. Nach z := 3 hat y also die Auswertung $3 - 3^2 + 3 * 3 - 4 = -1$. Nun ändert sich durch die Zuweisung z := 4 die Auswertung von f und somit auch die Auswertung von y. Sie lautet nun $4 - 4^2 + 3 * 4 - 4 = -4$.

Wie man Auswertungen verhindern kann, wird in Kapitel 3.4 behandelt. Dort wird erklärt, wie das Prinzip der rekursiven Ersetzungen in MuPAD funktioniert und wie man es steuern kann.

Abschließend werden noch einige Befehle erläutert, die den Umgang mit Bezeichnern erleichtern. Der Wert eines Bezeichners lässt sich mit Hilfe von `delete` löschen. Der Bezeichner ist dann wieder ohne Wert. Die Auswertung ist der Bezeichner selbst.

```
>> x := 0: x; delete x: x;
     0
     x
```

In MuPAD sind einige Bezeichner vorbelegt wie beispielsweise D, sin, cos, exp, tan oder abs. Die Bezeichner sind geschützt und Zuweisungen von Werten an diese Bezeichner sind nicht ohne Weiteres möglich. Diese Beschränkung kann durch den `protect`-Befehl aufgehoben werden. Mit dem Befehl werden Bezeichnern verschiedene *Schutzstufen* zugewiesen.
Standardmäßig wird der Bezeichner x nach dem Aufruf `protect(x)` mit der Schutzstufe `ProtectLevelWarning` belegt. Das bedeutet, dass bei einer erneuten Zuweisung eine Warnung angezeigt wird. Ein Schreibschutz wird mittels `protect(x,ProtectLevelError)` eingerichtet. Danach wird bei einer neuen Zuweisung eine Fehlermeldung ausgegeben und der Bezeichner bekommt keinen neuen Wert zugewiesen. Dies ist die Schutzstufe von vordefinierten Bezeichnern. Mit `protect(x,ProtectLevelNone)` wird dieser Schreibschutz deaktiviert. Damit können auch standardmäßig mit Schreibschutz versehene Bezeichner überschreibbar gemacht werden. Zu dieser Option ist der Befehl `unprotect(x)` äquivalent.
Der Rückgabewert von `protect` ist immer die vorherige Schutzstufe.

```
>> protect(x): x := 0
Warning: protected variable x overwritten
       0
>> protect(x,ProtectLevelError): x := 0
Error: Identifier 'x' is protected [_assign]
>> protect(x,ProtectLevelNone): x := 0
       0
```

```
>> unprotect(sin)
        ProtectLevelError
>> sin := exp
        exp
>> sin(0)
        1
```

Alle momentan belegten Bezeichner von MuPAD werden durch `anames(All)` ausgegeben. Durch den Befehl `anames(All,User)` wird eine Übersicht aller vom aktuellen Benutzer belegten Bezeichner erstellt. Die Kurzform dieses Befehls ist `anames(User)`.

Die Auswertung von `anames(datentyp)` ist die Menge aller Bezeichner, die ein Objekt des Datentyps `datentyp` repräsentieren. Auch die Option `User` kann hier genutzt werden.

```
>> anames(All,User)
        {}
>> d := 3: x := 1:
>> anames(All,User)
        {d, x}
>> delete d:
>> anames(User)
        {x}
```

3.3 MuPAD-Objekte

Nun folgt eine kurze Einführung in die Unterscheidung von Objekten und Datentypen. Die verschiedenen Datentypen werden in Kapitel 4 und 5 erläutert.

Verschiedene *Datentypen* sind notwendig, da je nach den Eigenschaften der Objekte, Eingaben in MuPAD unterschiedlich behandelt werden müssen. So ist zum Beispiel die Addition zweier rationaler Zahlen anders definiert als die Addition zweier komplexer Zahlen oder die Addition zweier Matrizen. Für einige Objekte in MuPAD wie Zeichenketten ist gar keine Addition definiert. Damit MuPAD nicht ständig prüft, welche Operationen möglich sind, wurde eine Unterscheidungsmöglichkeit eingeführt.

Ebenso werden komplexe Zahlen anders gespeichert als rationale Zahlen, da sie aus einem Realteil und einem Imaginärteil bestehen, während rationale Zahlen aus einem Zähler und einem Nenner zusammengesetzt sind, die jeweils aus ganzen Zahlen gebildet werden. Auch Matrizen mit ihren verschiedenen Einträgen benötigen eine besondere Speicherverwaltung.

Aus diesen Gründen wurden Datentypen eingeführt. So gibt es Datentypen für rationale Zahlen, komplexe Zahlen, Matrizen oder für Zeichenketten.

Theoretisch wäre es natürlich möglich, alle Zahlen als Elemente der komplexen Zahlen zu definieren und nur mit diesem Datentyp zu arbeiten. Zum einen würde dann aber für die Speicherung der Daten mehr Speicherplatz benötigt. Zum anderen lassen sich viele Operationen wie Multiplikationen oder Additionen durch die Spezifikation der Datentypen effizienter implementieren.

Ein *Datentyp* in MuPAD kann somit als eine Klasse von Objekten definiert werden, die auf die gleiche Weise intern abgespeichert und gleichartig in MuPAD behandelt werden. Die Nomenklatur der Datentypen sieht vor, dass die Datentypen des Kerns mit `DOM_` beginnen und nur Großbuchstaben enthalten. Die Vorsilbe `DOM_` beruht auf der englischen Bezeichnung *Domain*. Die MuPAD-Programmierer nutzen in ihrem Standardwerk [3] die Begriffe Datentyp und Domain synonym. Wir verbleiben hier bei der deutschen Bezeichnung. Datentypen, die in Bibliotheken definiert wurden, beinhalten Kleinbuchstaben und beginnen mit dem Namen der entsprechenden Bibliothek gefolgt von dem Methodenzugriffsoperator : :. Die Aufgaben einer Bibliothek werden in Kapitel 3.6 erläutert.

Eine Instanz, also ein Exemplar eines Datentyps, nennen wir ein *Objekt* eines Datentyps.

Das Abfragen des Datentyps eines Objektes `obj` erfolgt durch `domtype(obj)`.

```
>> domtype(a)
        DOM_IDENT
>> domtype(2+3*I)
        DOM_COMPLEX
>> domtype(2/3)
        DOM_RAT
```

Der Datentyp `DOM_COMPLEX` für komplexe Zahlen wird in Kapitel 4.2.1 ab Seite 49 erklärt und die rationalen Zahlen `DOM_RAT` werden in Kapitel 4.2.1 ab Seite 47 eingeführt.

Man erkennt am ersten Aufruf, dass es für Bezeichner einen eigenen Datentyp gibt, nämlich `DOM_IDENT`. Dieser Datentyp wird in Kapitel 4.1 ab Seite 43 näher erläutert.

3.4 Zerlegen von Objekten

Kommen wir nun zum Zerlegen von Objekten in MuPAD. In einigen Fällen hilft es uns, die Struktur von MuPAD-Objekten besser zu verstehen. Zum Beispiel erleichtert es uns das Verständnis des Auswertungsmechanismus von MuPAD.

Wir beginnen mit dem Befehlspaar `op(x)` und `nops(x)`. Mit diesem Befehlspaar können Objekte in ihre Bestandteile zerlegt werden. Die Bestandteile der Objekte nennen wir *Operanden*. In MuPAD sind die Operanden beginnend bei eins durchnummeriert. Bei einigen Objekten existiert ein zusätzlicher nullter Operand, der die Funktion angibt, über die die Operanden miteinander verknüpft sind. Dieser Operand hat keinen eigenen Namen. Manchmal wird er etwas ungenau „Operator" genannt. Diese Bezeichnung steht jedoch im Widerspruch zu der Definition in Kapitel 3.5 ab Seite 36.

op(x) gibt die Operanden des Objektes x wieder, op(x,i) liefert den i-ten Operanden. op(x,0) den nullten Operanden. Sollte der nullte Operand oder ein anderer i-ter Operand nicht existieren, so wird das Objekt FAIL zurückgegeben.

nops(x) gibt die Anzahl der Operanden ohne den nullten Operanden zurück.

```
>> t := sin(x)+cos(x)
        cos(x) + sin(x)
>> op(t)
        cos(x), sin(x)
>> op(t,2)
        sin(x)
>> op(t,0)
        _plus
>> nops(t)
        2
>> op(t,3)
        FAIL
```

Atomare Objekte sind Objekte, die sich nicht mehr zerlegen lassen. In MuPAD bedeutet dies, dass sie nicht mehr mit op(x) zerlegt werden können. Der Rückgabewert von op(x) ist in diesem Fall identisch mit dem Eingabeargument (unter Berücksichtigung von op(x,0)).

```
>> op(5)
        5
>> op(x)
        x
>> op(sin(x))
        x
```

In diesem Beispiel sind 5 und x atomare Objekte, da sie den Ausgabewerten von op(x) entsprechen. $\sin(x)$ entspricht nicht seinen Operanden und ist somit nicht atomar.

Um nun einen Ausdruck in seine atomaren Bestandteile zerlegen zu können, müssen wir den op-Befehl rekursiv anwenden. Dabei nutzen wir aus, dass bei geschachtelten Ausdrücken die inneren Operanden wiederum in ihre Operanden zerlegt werden können.

```
>> t := sin(x^2-5)
              2
        sin(x  - 5)
>> op(t,1)
          2
        x  - 5
>> op(op(t,1))
          2
        x , -5
>> op(op(t,1),1)
          2
        x
>> op(op(op(t,1),1))
          x, 2
>> op(op(op(t,1),1),2)
          2
>> op(t,[1,1,2])
          2
>> op(t,[1,2])
          -5
```

In diesem Beispiel erkennt man die Vorgehensweise, um die atomare Struktur
eines Ausdruckes zu ermitteln. Dabei kann man sich die Schachtelung des
Befehls op sparen. Anstatt die Operanden eines Operanden zu bestimmen,
nimmt man eine Liste von Zahlen.[2] Der erste Eintrag der Liste entspricht
dem Operanden der äußersten Schachtelung. Der zweite Eintrag entspricht
dem Operanden der nächst inneren Schachtelung usw.

Mittels has(object,atom) wird das Objekt object auf das Objekt atom
geprüft. Dabei werden nur die atomaren Objekte und das gesamte Objekt
überprüft. Es werden keine Teilobjekte geprüft. Der Rückgabewert ist ein
Wahrheitswert[3]. Wenn das atomare Objekt enthalten ist, wird der Wahrheitswert TRUE zurückgegeben. Im anderen Fall ist der Rückgabewert FALSE. Es
werden beide Argumente vollständig ausgewertet.

```
>> a := x+2+y: has(a,y)
        TRUE
>> y := z: r := z: has(a,r); has(a,x+y)
        TRUE
        FALSE
```

Die Struktur, die durch den Befehl op untersucht wird, lässt sich mit dem
Befehl prog::exprlist(x) auf einem Blick erfassen.

---

[2] Listen werden ausführlich in Abschnitt 5.3 behandelt.
[3] vgl. Kapitel 4.4.

```
>> prog::exprlist(sin(8*I+3)-exp(34-12*I)^2)
        [_plus, [_mult, [exp, 68 - 24 I], -1],
        [sin, 3 + 8 I]]
```

Der erste Eintrag in der Liste entspricht immer dem nullten Operanden, danach folgt der erste, der zweite usw. Dieses Schema setzt sich in den einzelnen Operanden rekursiv fort.

Um eine Vorstellung dieser Strukturen zu bekommen, nutzen wir den Befehl `prog::exprtree(x)`. Durch diesen Befehl wird die Struktur der Auswertung eines Bezeichners grafisch aufbereitet.

```
>> L := sin(x)+cos(x): x := 5: prog::exprtree(L)
        _plus
        |
        +-- cos
        |   |
        |   '-- 5
        |
        '-- sin
            |
            '-- 5
        Tree1
>> prog::exprtree(sin(x)*exp(cos(x)+I*sin(x)))
        _mult
        |
        '-- exp
        |   |
        |   '-- _plus
        |       |
        |       +-- cos
        |       |   |
        |       |   '-- 5
        |       |
        |       '-- _mult
        |           |
        |           +-- sin
        |           |   |
        |           |   '-- 5
        |           |
        |           '-- I
        |
        +-- sin
            |
            '-- 5
        Tree2
```

Man kann nun die Struktur der Auswertung des Wertes von L ablesen. Da der Wert von x die Zahl 5 ist, ist die Auswertung von L gegeben durch $\sin(5) + \cos(5)$. Die äußerste Verschachtelung besteht in der Addition zweier Terme. Der erste innere Term ist $\cos(5)$, der zweite $\sin(5)$.

Auch umfangreiche Ausdrücke lassen sich mit dieser Methode begreifen, wie das zweite Beispiel zeigt.

Nachdem wir bisher die Struktur der Objekte intensiv studiert haben, erläutern wir nun die Steuerung der Auswertungstiefe. Insbesondere untersuchen wir, wie bei der Zuweisung eines Objektes, der zugehörige Wert beeinflusst werden kann.

Die *maximale Auswertungstiefe* beschreibt die maximale Anzahl der rekursiven Ersetzungen, die bei der Auswertung vorgenommen werden. Um diesen Vorgang besser verstehen zu können, nutzen wir den Befehl `level`.

Der Befehl `level(a,t)` benötigt zwei Parameter. Der erste Parameter ist der auszuwertende Ausdruck `a`, der zweite ist die Auswertungstiefe `t`. Das Ergebnis ist die Auswertung des Ausdrucks `a` nach `t` rekursiven Ersetzungen.

```
>> z := x*y-x: y := 5*x-23: x := 5: z
        5
>> level(z,0)
        z
>> level(z,1)
      x y - x
>> level(z,2)
      25 x - 120
>> level(z,3)
        5
```

Wie man in diesem Beispiel erkennt, wird bei `t=0` keine Auswertung vorgenommen, denn die Anzahl der rekursiven Ersetzungen ist null. Die Auswertung wird also verhindert. In den meisten Fällen zeigt der Befehl `hold(x)` ein äquivalentes Verhalten.[4]

Mit diesen äquivalenten Aufrufen kann also die Auswertung zum Zeitpunkt der Zuweisung verhindert werden. Der Wert des Bezeichners gleicht dann der Eingabe. Es wurden keine Auswertungen der darin vorkommenden Bezeichner durchgeführt. Man spricht in diesem Fall von *unvollständiger Auswertung*.

```
>> x := y: y := z: z := i: i := p: p := o:
>> a := hold(x): a
        o
```

---

[4] Zum Unterschied sei auf die Hilfe von MuPAD verwiesen. In diesem Buch wird der Unterschied nicht weiter von Interesse sein.

```
>> delete i: a
        i
>> delete y: a
        y
>> delete x: a
        x
```

Wie man sieht, wurde bei der Zuweisung von a nur der Wert x zugewiesen, nicht o, wie es ohne hold der Fall wäre. Deswegen ändert a auch die Auswertung, wenn eine Zuweisung innerhalb der Zuweisungskette nach x aufgehoben wird, wie es in der dritten bis fünften Zeile der Fall ist.

In diesem Zusammenhang sollten zwei wichtige Größen erwähnt werden. Durch die Umgebungsvariablen LEVEL und MAXLEVEL lässt sich die maximale Auswertungstiefe steuern. Beiden Variablen können nur Objekte vom Typ DOM_INT zugewiesen werden. Der Datentyp DOM_INT wird in Kapitel 4.2.1 auf Seite 46 erläutert. Die Standardwerte dieser beiden Größen betragen jeweils 100. MAXLEVEL kann Werte zwischen 2 und 1000 annehmen.
Wenn die Auswertungstiefe MAXLEVEL erreicht wird, wird eine Fehlermeldung ausgegeben, und es findet keine Auswertung statt. Das bedeutet, dass auch kein Wert zugewiesen wird.
Beim Erreichen der Auswertungstiefe LEVEL bricht MuPAD die Auswertung des Objektes ab. Die zuletzt erreichte Auswertung wird als Auswertung des Objektes zurückgegeben.
Bei diesem Prozess wird zuerst die Größe MAXLEVEL geprüft, danach die Größe LEVEL. Durch diese Absicherung werden Endlos-Rekursionen verhindert. Jede Auswertung wird eine der beiden Rekursionsstufen erreichen, wenn sie nicht schon vorher regulär beendet wurde.

```
>> y := x: x := y:
>> MAXLEVEL := 100: LEVEL := 100: x
Error: Recursive definition [See ?MAXLEVEL]
>> MAXLEVEL := 100: LEVEL := 99: x
        x
```

Fehlt bei dem Befehl level(a,t) die Auswertungstiefe t, so wird bis zur Auswertungsstufe MAXLEVEL rekursiv eingesetzt.

Im Zusammenhang mit einigen Befehlen wird nicht vollständig ausgewertet (unvollständige Auswertung). Darunter fällt vor allem der Punktoperator bzw. genauer die durch den Punktoperator erzeugten Bezeichner. Diese Bezeichner werden nicht vollständig ausgewertet, sondern bleiben nach der Auswertung des .-Operators unevaluiert.
Ebenfalls können Ergebnisse der Befehle subs, map und op nicht vollständig ausgewertet sein. Der Befehl map wird in Kapitel 5.3 auf Seite 71 und der Punktoperator in 3.5 auf Seite 37 erläutert.

Wird ein Objekt nicht vollständig ausgewertet, so kann der Befehl `eval` angewendet werden, der eine vollständige Auswertung unter Beachtung von `LEVEL` und `MAXLEVEL` erzwingt.

```
>> z1 := y: y := x: x := t: t := r: r := o:
>> z.1, z1
        z1, o
>> LEVEL := 3: z1, eval(z.1)
        t, t
>> LEVEL := 4: z1, eval(z.1)
        r, r
```

Diese Anwendung nennt man *erzwungene Auswertung*. Es handelt sich um das Gegenstück zur *unvollständigen Auswertung*.

3.5 Operatoren

In diesem Abschnitt betrachten wir Konstrukte in MuPAD, mit denen Objekte verbunden und manipuliert werden können. Diese Konstrukte nennen wir *Operatoren*. Typische Operatoren sind beispielsweise +, - oder *.

Zunächst werden wir einige allgemeine Hinweise zu den Operatoren geben, danach erläutern wir einige wichtige Operatoren und erklären anhand des Begriffs *Bindungsstärke*, wie verschiedene Operatoren kombiniert werden können.

Für alle Operatoren wie +, - oder auch >= gibt es entsprechende *Systemfunktionen*. Der Parser ersetzt die Operatoren durch ihre Systemfunktionen. Diese Systemfunktionen sind oft Kernfunktionen und beginnen meist mit einem Unterstrich.

Die *Operatorschreibweise* ermöglicht eine unkomplizierte Eingabe von Ausdrücken. Ohne Operatoren sind Ausdrücke wie $3 + 4 * I$ nicht möglich, was die Benutzerfreundlichkeit erheblich einschränken würde. Für MuPAD wäre dann nur die Eingabe `_plus(3,_mult(4,I))` korrekt. Mittels der Operatoren wird diese Ersetzung nun vom Parser übernommen. Allerdings ist auch die alternative, komplizierte Eingabe korrekt.

Je nach Funktionalität können diese Systemfunktionen ein, zwei oder mehr Argumente verarbeiten. So können `_plus` und `_mult` eine unbestimmte Anzahl von Argumenten verarbeiten, während `fact` oder `_divide` nur mit einem bzw. zwei Argumenten aufgerufen werden können. Beispielsweise kann die Summe $1 + 2 + 3 + 4$ durch den einzelnen Aufruf `_plus(1,2,3,4)` berechnet werden. Durch `?Operator` oder `?Systemfunktion` werden die entsprechenden Hilfeseiten zu diesen Befehlen angezeigt.

Wir werden nun die Operatoren $ und . näher erläutern. Andere Operatoren werden später im Zusammenhang mit den Datentypen betrachtet, auf denen sie hauptsächlich angewendet werden. Dazu gehören `intersect`, `minus`, union, in und subset in Kapitel 5.2 ab Seite 67, @ und @@ in Kapitel 4.3 ab Seite 52, ' in Kapitel 7.3 auf Seite 87, :: in Kapitel 3.6 auf Seite 41 und and, or, not und xor in Kapitel 4.4 ab Seite 55.

Die anderen, hier nicht genannten Operatoren werden nicht weiter behandelt. Es handelt sich dabei um mathematische Operatoren, deren Anwendung keine Schwierigkeit bereiten sollte. Bei näherem Interesse sei auf die entsprechenden Hilfeseiten verwiesen.

Der Punktoperator verbindet beliebige Objekte miteinander. Die Systemfunktion lautet _concat(obj1,obj2). Dabei muss obj1 entweder eine Zeichenkette, ein Bezeichner oder eine Liste sein, obj2 kann zudem eine ganze Zahl sein. Dabei lässt sich eine Liste nur mit einer Liste verbinden, ansonsten ist jede Kombination zulässig. Das Ergebnis ist vom gleichen Datentyp wie der Operand obj1.

```
>> r := 5
        5
>> _concat("test",5)
        "test5"
>> "test".r
        "test5"
>> "test"."er"
        "tester"
>> r."test"
Error: Illegal argument [_concat]
>> red."test"
        redtest
>> red5 := 2: red.r
        red5
```

Das letzte Beispiel soll an eine Besonderheit im Umgang mit dem Punktoperator erinnern: Die Bezeichner, die per Konkatenation erstellt werden, werden nicht vollständig ausgewertet.

Die Anwendung dieses Operators bei Listen wird in Kapitel 5.3 auf Seite 69 näher behandelt.

Als Nächstes betrachten wir den $-Operator. Dieser Operator dient zur einfachen Erstellung von *Folgen*. Er ist ein häufiges Hilfsmittel im Umgang mit MuPAD. Die Datentypen der einzelnen Operanden werden hier der Vollständigkeit halber erwähnt. Eine genaue Beschreibung dieser Datentypen erfolgt in Kapitel 4.

Der Begriff der Folgen in MuPAD wird in Kapitel 5.1 wieder aufgegriffen. Einfach ausgedrückt ist eine Folge nichts anderes als eine Hintereinanderreihung von Objekten getrennt durch Kommata.

Wir beginnen zunächst mit einer einfachen Anwendung. Es soll eine Folge von mehreren gleichen Objekten erzeugt werden. Durch obj $ n wird eine Folge von n Objekten obj erstellt. Dabei ist n vom Datentyp DOM_INT. Hier lautet die Systemfunktion _seqgen(obj,n).

```
>> obj $ 4
        obj, obj, obj, obj
```

Nun interessiert uns eine aufsteigende Folge von a bis b. Diese wird mit $ a..b erstellt. Dabei sind a und b vom Typ DOM_INT. Die alternative Schreibweise ist _seqgen(a..b).

```
>> $ 7..12
        7, 8, 9, 10, 11, 12
```

Durch $ a..b step c wird zusätzlich die Schrittweite c bestimmt. Dabei können a, b und c vom Typ DOM_INT, DOM_RAT oder DOM_FLOAT sein. Die Folge lautet dann a..a+j*c mit $a + jc \leq b$ und $a + (j+1)c > b$. Es werden $j+1$ Folgeglieder erstellt. Die äquivalente Systemfunktion lautet _seqstep(a..b,c).

```
>> $ 1/2..9/2 step 2
        1/2, 5/2, 9/2
>> $ 1/2..9/2 step 1.5
        1/2, 2.0, 3.5
>> _seqstep(1..18,10)
        1, 11
>> x^i $ i=2..8 step 10
         2
        x
```

Interessanter wird diese Folgenerzeugung, wenn mit ihrer Hilfe Funktionswerte ausgerechnet werden. Durch das Aufführen von Objekten, die von einem Laufindex abhängen, ist es möglich, nichtkonstante Folgen zu erzeugen.
Dabei gilt folgende Syntax: befehl(i) $ i=a..b step c, wobei für a,b,c die obengenannten Bedingungen gelten. Der Parser ersetzt diesen Ausdruck durch _seqstep(befehl(i),i,a..b,c).

```
>> sin(i*PI) $ i=1..5 step 1/2
        0, -1, 0, 1, 0, -1, 0, 1, 0
```

Zum Schluss zeigen wir die *Bindungsstärkentabelle* der Operatoren. Mit dieser Bindungsstärkentabelle wird die Rangfolge beim Auswerten der Operatoren beschrieben. Wie die Schulregel „Klammer- vor Punkt- vor Strichrechnung" gibt es hier ein ähnliches, aber viel komplexeres System der Bindungsstärken.
So steht der Methodenzugriff :: an höchster Stelle der Bindungsstärkentabelle, die Befehlstrenner : und ; an unterster Stelle. Das bedeutet, dass der Methodenzugriff immer als Erstes ausgeführt wird, die Befehlstrenner als Letztes.

OPERATOR	BINDUNGS-STÄRKE	SYSTEM-FUNKTION	BEDEUTUNG
::	2000	slot	Methodenzugriff
'	1900	D	Differentialoperator
[]	1800	_index	Indexoperator
.	1700	_concat	Konkatenation
@@	1600	_fnest	Iteration
@	1500	_fconcat	Komposition von Funktionen
!	1300	fact	Fakultät
!!	1300	fact2	Doppelfakultätsfunktion
^	1200	_power	Potenzieren
*	1100	_mult	Multiplikation
/	1100	_divide	Division
-	1050	_negate	Negation
+	1000	_plus	Addition
-	1000	_subtract	Subtraktion
div	900	_div	Quotient „modulo"
mod	900	_mod	Rest „modulo"
...	850	hull	Gleitpunktintervalle
intersect	800	_intersect	Schnitt von Mengen
minus	700	_minus	Differenz von Mengen
union	600	_union	Vereinigung von Mengen
..	500	_range	Bereich
=	400	_equal	Gleichung
<>	400	_unequal	Ungleichung
<,>	400	_less	Größenvergleiche
<=,>=	400	_leequal	Größenvergleiche
in	400	_in	Elementbeziehung
subset	400	_subset	Untermengenbeziehung
$	300	_seqgen, _seqin	Folgengenerator
not	300	_not	Logische Verneinung
and	200	_and	Logisches „Und"
xor	150	_xor	Logisches „Exklusiv-Oder"
or	100	_or	Logisches „Oder"
assuming	100	_assuming	Annahme
==>	75	_implies	Logische Implikation
<=>	50	_equiv	Logische Äquivalenz
|	35	evalAt	Auswertung
,	20	_exprseq	Erzeugen von Folgen
:=	$11 - 19^5$	_assign	Zuweisungsoperator
; und :	10	_stmtseq	Trennung zwischen Befehlen

---

[5] Für diesen Wert lässt sich in der MuPAD-Dokumentation keine Angabe finden. Nach eingehender Prüfung ergibt sich aber das angegebene Intervall.

Bei dieser Tabelle ist zu beachten, dass einige Operatoren, obwohl sie untereinander stehen, gleichstark binden. So steht zum Beispiel die Division unter der Multiplikation, beide Operatoren haben aber die Bindungsstärke 1100. In diesem Fall ist die Reihenfolge entscheidend für die Auswertung. Ausgewertet wird immer von links nach rechts.

Durch Klammersetzung () kann jede Bindung beeinflusst werden. Dabei werden jeweils die Operatoren innerhalb der Klammern zuerst ausgewertet. Erst danach folgen die Operatoren außerhalb der Klammern.

```
>> (3-0)*4^4
        768
>> 3-0*4^4
        3
```

Ohne die Implementierung der Bindungsstärken würden wir im folgenden Beispiel sicher nicht das gewünschte Ergebnis erzielen.

```
>> $ 3*9-19..3*9+5 step 9
      8, 17, 26
```

Der Auswerter würde dann von vorne beginnen und alle Operatoren nacheinander auswerten. So wird allerdings zuerst der Operator mit der stärksten Bindungsstärke ausgewertet, danach der Zweitstärkste usw. In diesem Fall beginnt die Auswertung der Multiplikationen gefolgt von der Addition und der Subtraktion. Dann folgt die Umsetzung der Bereichsangabe durch _range und der Folgengenerator $ mit der Option der Schrittweite. Der Term sieht ausgedrückt durch die Systemfunktionen folgendermaßen aus:

```
>> _seqstep(_range(_plus(_mult(3,9),-19),_plus(_mult
   (3,9),5)),9)
      8, 17, 26
```

3.6 Bibliotheken

Wie schon zu Beginn dieses Kapitels erwähnt, gibt es die Möglichkeit, Bibliotheken in MuPAD einzubinden. Dadurch wird eine größere Funktionsvielfalt erreicht.

Bibliotheken bestehen aus einer Sammlung von Befehlen aus einem meist mathematischen Themengebiet. Andere Themengebiete können beispielsweise Programmiertools sein. Die Befehle einer Bibliothek müssen explizit angesprochen werden. Die Auslagerung der Befehle in die Bibliotheken bewirkt ein schlankeres und schnelleres MuPAD.

Beispiele für Bibliotheken sind `linalg` (Lineare Algebra), `plot` (Grafik), `numlib` (Zahlentheorie) oder `numeric` (Numerische Berechnungen).

Eine Übersicht der in der Bibliothek `bib` enthaltenen Befehle erhält man durch `?bib` oder `info(bib)`.

Die besondere Attraktivität dieses Bibliothekkonzeptes ist es, eigene Bibliotheken zu schreiben und einzubinden oder die Bibliotheken anderer einzubinden. Ein Beispiel nicht MuPAD-eigener Bibliotheken ist die `combinat`-Bibliothek. Diese Bibliothek wird als Open-Source-Projekt entwickelt und ist unter `http://mupad-combinat.sourceforge.net/` verfügbar.

Befehle aus Bibliotheken ruft man mit Hilfe des `::`-Operators auf. Mit der Syntax `bib::befehl(arg)` wird der Befehl `befehl` mit Argument `arg` aus der Bibliothek `bib` aufgerufen.

Nach `export(bib,befehl)` kann der Befehl `befehl` direkt angesprochen werden, also ohne `bib::`. Nach `export(bib)` sind alle Befehle der Bibliothek `bib` unter ihren kurzen Namen verfügbar.

```
>> numlib::divisors(54)
        [1, 2, 3, 6, 9, 18, 27, 54]
>> export(numlib,divisors): divisors(54)
        [1, 2, 3, 6, 9, 18, 27, 54]
>> export(numlib): g_adic(54,3)
Warning: 'contfrac' already has a value, not exported
        [0, 0, 0, 2]
```

Die Warnung der letzten Eingabe erklärt sich dadurch, dass die Standardbibliothek den Bezeichner `contfrac` schon durch eine Funktion belegt hat. Die Warnung wird auch dann ausgegeben, wenn ein Bezeichner, der eine Funktion in der zu exportierenden Bibliothek repräsentiert, schon ein anderes Objekt repräsentiert. In beiden Fällen werden die Bezeichner nicht exportiert.

```
>> g_adic:=3: export(numlib)
Warning: 'contfrac' already has a value, not exported
Warning: 'g_adic' already has a value, not exported.
```

4

Wichtige Datentypen

Dieses Kapitel beschäftigt sich mit den grundlegenden Datentypen in MuPAD. Dazu zählen wir die verschiedenen Zahlentypen, die Ausdrücke, die Funktionen, den Booleschen Datentyp, die Zeichenketten und die Bezeichner, mit deren Darstellung wir beginnen werden.

Abschließend behandeln wir die Möglichkeiten in MuPAD mit speziellen algebraischen Strukturen wie Restklassenringen zu arbeiten.

4.1 Bezeichner

Bezeichner haben in MuPAD einen eigenen Datentyp. Er lautet DOM_IDENT. Dieser Datentyp wird automatisch jedem nicht weiter spezifizierten Bezeichner zugeordnet.

Wird einem Bezeichner ein Objekt zugewiesen, so gibt der Befehl domtype[1] den Datentyp des zugewiesenen Objektes zurück. Das bedeutet allerdings nicht, dass der Bezeichner von diesem Typ ist, sondern dass die Auswertung des Bezeichners, also das Objekt, welches der Bezeichner repräsentiert, von diesem Datentyp ist. Das folgende Beispiel verdeutlicht diesen Zusammenhang anhand der nullten Rekursionsstufe eines Bezeichners mittels level[2].

```
>> x := 5; domtype(x)
        5
        DOM_INT
>> level(x,0), domtype(level(x,0))
        x, DOM_IDENT
```

Eine ähnliche Reaktion zeigt sich auch bei den mathematischen Konstanten, die in MuPAD vordefiniert sind. Dazu gehören die Zahl π, die Euler-Konstante und die Catalansche Konstante. Diese Konstanten haben in Mu-

---

[1] vgl. Kapitel 3.3.
[2] vgl. Kapitel 3.4 auf Seite 34.

PAD die Namen PI, EULER bzw. CATALAN. Für domtype sind diese Konstanten vom Typ DOM_IDENT.

Die Auswertung von PI ist PI. Erst bei numerischen Berechnungen beispielsweise wird durch den Befehl float ein Objekt vom Typ DOM_FLOAT erzeugt.

```
>> domtype(PI), PI
       DOM_IDENT, PI
>> domtype(float(PI))
       DOM_FLOAT
```

Der Befehl float wird in Kapitel 4.2 auf Seite 47 näher erläutert.

4.2 Zahlen und Ausdrücke

Wie werden Zahlen in MuPAD oder allgemeiner in einem Computer dargestellt? Ganze Zahlen innerhalb bestimmter Wertebereiche können exakt dargestellt werden. Was aber ist mit Zahlen wie $\sqrt{2}$ oder π, deren Dezimaldarstellung unendlich viele Nachkommastellen haben, die keinem Muster folgen? In vielen Programmiersprachen wie beispielsweise C oder $FORTRAN$ wird erst gar nicht versucht diese Zahlen exakt abzubilden, sondern die Zahlen werden approximiert. Es wird nur eine feste Anzahl von Stellen zur Speicherung verwendet. Diese Art des Umgangs mit reellen Zahlen wird uns zur Gleitkommadarstellung führen.

In MuPAD wie in allen anderen CAS gibt es unterschiedliche Arten, Zahlen zu repräsentieren. Es wird unterschieden zwischen dem *symbolischen Ausdruck* und der *numerischen Darstellung*.

Ein symbolischer Ausdruck besteht aus einer Verknüpfung von Funktionen und den zugehörigen Argumenten. Dabei können auch Bezeichner ohne einen Wert in dem symbolischen Ausdruck vorkommen. Die Zahlen werden also über eine mathematische Gleichung definiert. Beispielsweise ist denkbar, $\sqrt{2}$ als positive Lösung der Gleichung $x^2 = 2$ zu speichern.

Die numerische Darstellung ist eine Approximation der reellen Zahl. Es wird eine feste Anzahl von Stellen zur Speicherung verwendet. MuPAD-intern werden diese Zahlen durch eine Gleitkommazahl dargestellt.

Nach diesen Definitionen ist zum Beispiel exp(1) ein symbolischer Ausdruck, während 2.718281828 eine numerische Darstellung von diesem Ausdruck ist. $\sin(x)$ ist auch ein symbolischer Ausdruck. Er lässt sich allerdings nicht durch eine numerische Darstellung repräsentieren, da x kein Wert zugewiesen worden ist.

Der Datentyp für symbolische Ausdrücke ist DOM_EXPR, der für die numerische Darstellung DOM_FLOAT.

Es ist wichtig, die Darstellung von Zahlen im Computer zu verstehen, da dieses vielfältige Konsequenzen nachsichzieht. Wir betrachten zunächst die Definition von Gleitkommazahlen.

Definition 4.2.1 (Gleitkommazahlen). *Seien $b, t \in \mathbb{N}$, $s \in \{0,1\}$ und $e \in \mathbb{Z}$. Wir nennen einen Ausdruck der Form*

$$X = (-1)^s \cdot (0.a_1 a_2 \ldots a_t) \cdot b^e, \quad a_1 \neq 0 \ und \ a_i \in \{0, 1, \ldots, b-1\}$$

mit $b \geq 2$ eine Gleitkommazahl. *Man spricht von einer b-adischen Darstellung oder einer* Darstellung zur Basis b. *Man nennt $a_1 a_2 \ldots a_t$ die* Mantisse *und e den* Exponenten *der Gleitkommazahl.*

Zunächst erläutern wir diese Definition. Für $b = 2$ spricht man von einer *Binärdarstellung*, für $b = 8$ spricht man von einer *Oktaldarstellung* und für $b = 10$ von einer *Dezimaldarstellung*. In MuPAD wird intern wie in beinahe allen anderen Programmiersprachen die Binärdarstellung verwendet. Bei Ausgaben werden die Zahlen allerdings in die Dezimaldarstellung umgerechnet.
Durch die Bedingung $a_1 \neq 0$ wird die Eindeutigkeit der Darstellung erzwungen. Durch $s \in \{0, 1\}$ wird das Vorzeichen bestimmt. Dabei repräsentiert $s = 0$ ein positives und $s = 1$ ein negatives Vorzeichen.
Man nennt t die Anzahl der *signifikanten Stellen*. Das ist also die maximale Anzahl von b-Potenzen, die einen Koeffizienten ungleich null haben können.
Der Wert x einer Gleitkommazahl ergibt sich aus der Rechnung

$$x = (-1)^s \sum_{k=1}^{t} a_k b^{e-k}.$$

Zur Umrechnung von Gleitkommazahlen betrachten wir folgende vier Beispiele:

Beispiel 4.2.2.

$$73 = 1 \cdot 2^6 + 0 \cdot 2^5 + 0 \cdot 2^4 + 1 \cdot 2^3 + 0 \cdot 2^2 + 0 \cdot 2^1 + 1 \cdot 2^0$$

$\Rightarrow$ Binärdarstellung $0.1001001 \cdot 2^7$.

$$73 = 1 \cdot 8^2 + 1 \cdot 8^1 + 1 \cdot 8^0$$

$\Rightarrow$ Oktaldarstellung $0.111 \cdot 8^3$.

Beispiel 4.2.3.

$$2.578125 = 1 \cdot 2^1 + 0 \cdot 2^0 + 1 \cdot 2^{-1} + 0 \cdot 2^{-2} + 0 \cdot 2^{-3} + 1 \cdot 2^{-4} + 0 \cdot 2^{-5} + 1 \cdot 2^{-6}$$

$\Rightarrow$ Binärdarstellung $0.10100101 \cdot 2^2$.

$$2.578125 = 2 \cdot 8^0 + 4 \cdot 8^{-1} + 5 \cdot 8^{-2}$$

$\Rightarrow$ Oktaldarstellung $0.245 \cdot 8^1$.

Unsere gewählten Beispiele haben eine entscheidende Eigenschaft, die leider in den seltensten Fällen auftritt. Die Mantisse benötigt für eine vollständige Darstellung lediglich eine endliche Anzahl von Stellen. Die Zahl $\frac{1}{3}$ zum Beispiel benötigt für die exakte Dezimaldarstellung eine Mantisse mit unendlich vielen Stellen.

Im Computer werden Zahlen in der Regel in Form von Gleitkommazahlen in Binärdarstellung mit einer festen Anzahl von signifikanten Stellen gespeichert. Zusätzlich ist der Wertebereich des Exponenten beschränkt. Diese Zahlen werden auch *Maschinenzahlen* genannt.

Entsprechend ergeben sich bei Berechnungen mit Maschinenzahlen Rundungsfehler. Man kann einer reellen Zahl x eine dazugehörige Maschinenzahl $\mathrm{rd}(x)$ derart zuordnen, dass gilt:

$$|x - \mathrm{rd}(x)| \leq |x - y| \text{ für alle Maschinenzahlen } y.$$

Dabei nennen wir $e_{\mathrm{abs}}(x) = |x - \mathrm{rd}(x)|$ den *absoluten Fehler* und $e_{\mathrm{rel}}(x) = \frac{|x - \mathrm{rd}(x)|}{|x|}$ den *relativen Fehler*. Man kann zeigen, dass für den relativen Fehler gilt:

$$\frac{|x - \mathrm{rd}(x)|}{|x|} \leq \epsilon \quad \text{mit } \epsilon = b^{1-t}.$$

Der relative Fehler bei der Darstellung einer Zahl ist also maximal b^{1-t}. Dieser Fehler kann allerdings beim Rechnen mit Maschinenzahlen größer werden. Das Anwachsen dieser Fehler von Rechenoperation zu Rechenoperation nennt man *Fehlerfortpflanzung*. Der nicht sorgfältige Umgang mit Gleitkommazahlen kann katastrophale Auswirkungen haben! Ein Beispiel ist der Absturz der Ariane-Rakete 1996 oder die Zerstörung einer amerikanischen Baracke durch eine amerikanische Patriot-Rakete im ersten Irak-Krieg.[3]

4.2.1 Zahlen

Der Datentyp DOM_INT stellt die ganzen Zahlen in MuPAD dar. DOM_INT ist bezüglich der Addition, der Subtraktion und der Multiplikation abgeschlossen, das heißt, dass zwei Objekte vom Typ DOM_INT verknüpft durch einen dieser Operatoren, ein Objekt vom Typ DOM_INT ergeben. Ebenso ist die Potenz zweier ganzer Zahlen wieder eine ganze Zahl. Zudem stehen die Operatoren div (ganzzahlige Teilung ohne Rest) und mod (Rest bei ganzzahliger Teilung) zur Verfügung. Auch die Auswertungen dieser Befehle sind, im Gegensatz zur Division, Objekte der ganzen Zahlen.

```
>> domtype(5), domtype(5*5)
        DOM_INT, DOM_INT
>> domtype(4 mod 2)
        DOM_INT
```

---

[3] Die Ursache der Zerstörung war natürlich der Abschuss der Rakete.

Der Wertebereich dieses Datentyps ist beschränkt. Die absoluten Grenzen hängen aber von der jeweiligen Architektur und dem vorhandenen Speicherplatz ab. Deswegen möchten wir hier auf die Angabe absoluter Grenzen verzichten.

Durch den Datentyp `DOM_RAT` werden rationale Zahlen dargestellt. Dieser Datentyp besteht intern aus einem Zähler und einem Nenner, die beide vom Datentyp `DOM_INT` sind. Bei einer Zuweisung eines solchen Datentyps wird automatisch soweit wie möglich gekürzt. Eine Unterdrückung durch `hold`[4] ist nicht möglich, da die Kürzung nicht durch den Auswerter sondern durch die Spezifikationen des Datentyps bedingt ist.

Mit den Befehlen `denom` und `numer` kann der Nenner bzw. der Zähler vom Typ `DOM_INT` extrahiert werden. Die Auswertungen der Addition, der Subtraktion, der Multiplikation und der Division zweier rationaler Zahlen sind ebenfalls rationale Zahlen.

```
>> domtype(3/4), domtype(3/4*2/3)
        DOM_RAT, DOM_RAT
>> domtype(3/4/2/3)
        DOM_RAT
```

Nach der Einführung der ganzen und rationalen Zahlen betrachten wir nun die Gleitkommazahlen, also die maschinelle Darstellung der reellen Zahlen.

Dieser Zahlenbereich wird mit dem Datentyp `DOM_FLOAT` verknüpft, der die Zahlen in Gleitkommadarstellung zur Basis 10 ausgibt. Intern werden sie allerdings zur Basis 2 gespeichert. Auch `DOM_FLOAT` ist in seinem Wertebereich beschränkt und hängt von der Systemarchitektur ab. Aus diesem Grund geben wir hier ebenfalls keine Angaben zum Wertebereich. Erwähnt sei nur die Tatsache, dass der Wertebereich von Maschinenzahlen nicht nur ein Minimum und Maximum haben, sondern es auch einen Bereich um 0 gibt, der nicht dargestellt werden kann.[5]

Es sind alle für `DOM_INT` und `DOM_RAT` bekannten Operationen möglich und die Maschinenzahlen sind bezüglich dieser Operationen abgeschlossen, außer bei der Potenz-Operation. Hier können die Auswertungen vom Typ `DOM_FLOAT` oder `DOM_COMPLEX` sein.

```
>> domtype((-2.0)^2.5)
        DOM_COMPLEX
```

`DOM_FLOAT`-Objekte erhält man durch Eingabe einer Kommazahl oder durch den Befehl `float`. Bei den Gleitkommazahlen ist der Punkt das Komma.[6] Das Komma dient in MuPAD zum Erstellen einer Folge. Auf dieses Konstrukt wird in Kapitel 5.1 näher eingegangen.

---

[4] vgl. Kapitel 3.4 auf Seite 34.

[5] In Kapitel 4.6 wird auf Seite 60 eine Möglichkeit angegeben, um den Wertebereich auf seiner eigenen Maschine zu ermitteln.

[6] Im Englischen wird an Stelle des Kommas ein Punkt verwendet. Entsprechend spricht man im Englischen von einer *floating point number*.

Mittels `float` können auch symbolische Ausdrücke und rationale Zahlen approximativ berechnet werden.

Bei einer Auswertung von Gleitkommazahlen, gemischt mit anderen Zahldatentypen, ist das Ergebnisobjekt immer vom Typ DOM_FLOAT, außer bei Potenzen.

```
>> domtype(1.0)
        DOM_FLOAT
>> domtype(1,0)
Error: Wrong number of arguments [domtype]
>> domtype(float(3/4))
        DOM_FLOAT
>> float(1/3)
        0.3333333333
>> domtype(4.0^1/2), domtype((-2.0)^0.5)
        DOM_FLOAT , DOM_COMPLEX
>> domtype(4^1/2)
        DOM_INT
```

Das Besondere an diesem Datentyp ist der approximative Charakter. Operationen mit diesem Datentyp sind nur bis auf eine bestimmte Stelle genau. Diese Genauigkeit wird durch die Größe DIGITS gesteuert, die die Anzahl der signifikanten Stellen in der Dezimaldarstellung angibt. Eine Erhöhung dieser Größe bewirkt eine genauere Rechnung. Die Standardeinstellung ist 10. DIGITS kann positive ganze Zahlen kleiner 2^{31} annehmen.

```
>> float(1/3)
        0.3333333333
>> DIGITS := 20: float(1/3)
        0.33333333333333333333
>> DIGITS := 30: float(1/3)
        0.333333333333333333333333333333
>> DIGITS := 2^31-1; DIGITS := 2^31
        2147483647
Error: Argument out of range [DIGITS]
```

Aus der Rundung der Zahlen ergeben sich Probleme. Durch Subtraktion zweier fast gleichgroßer Zahlen können Rundungsfehler entstehen. Dabei ist der Unterschied zwischen beiden Zahlen zu klein für die durch DIGITS geregelte Genauigkeit. Man nennt dies *Auslöschung*.

```
>> DIGITS := 5:
>> 1.0000000001-1.00000000000000000000000001
        0.0
```

Der obige Effekt lässt sich durch den Wechsel in einen anderen Datentyp umgehen.

```
>> 1.0+10^-11
       1.0
>> domtype(%)
       DOM_FLOAT
>> 1+10^-11
       100000000001/100000000000
>> domtype(%)
       DOM_RAT
>> float(%2)
       1.0
```

Die Funktion trunc bewirkt ein Abschneiden der Nachkommastellen und die
Umwandlung in ein Objekt des Datentyps DOM_INT. Diese Nachkommastellen
beziehen sich allerdings auf die Gleitkommadarstellung zur Basis 2. Es werden
also die Nachkommastellen der Gleitkommadarstellung nach DIGITS Stellen
abgeschnitten. Dadurch können Ergebnisse verfälscht werden.

```
>> 10^15
       1000000000000000
>> float(10^15/7)
       1.428571429e14
>> trunc(%)
       142857142857142
>> 7*%
       999999999999994
```

Zur Übersicht zeigen wir an dieser Stelle eine Tabelle der wichtigsten Befehle,
mit denen man Objekte vom Datentyp DOM_FLOAT manipulieren kann.

BEFEHL	BEDEUTUNG	DATENTYP DER AUSGABE
abs	Absolutbetrag	DOM_FLOAT
ceil	Aufrunden	DOM_INT
floor	Abrunden	DOM_INT
frac	Abschneiden der Vorkommastellen	DOM_FLOAT
round	Runden	DOM_INT
sign	Vorzeichen	DOM_INT
trunc	Abschneiden der Nachkommastellen	DOM_INT

DOM_COMPLEX ist der Datentyp für die komplexen Zahlen in MuPAD, wobei
der Real- und der Imaginärteil vom Typ DOM_INT, DOM_RAT oder DOM_FLOAT
sein können. Die Imaginäre Einheit wird durch I dargestellt. I ist vom
Typ DOM_COMPLEX. Eine mathematische Einführung in die Welt der komplexen
Zahlen wird in [7] gegeben.

Bei der Addition, der Subtraktion, der Multiplikation, der Division und der
Potenzierung sind die Ergebnisse wiederum vom Typ DOM_COMPLEX, durch
Vereinfachungen jedoch auch vom Typ DOM_INT, DOM_RAT oder DOM_FLOAT.
Mit Re bzw. Im berechnet man den Realteil bzw. den Imaginärteil einer kom-
plexen Zahl. Mit abs(x) erhält man den Betrag von x, mit arg(x) das Argu-
ment von x. conjugate(x) berechnet die komplex konjugierte Zahl $\bar{x}$ zu x.
Ein weiterer Befehl, der im Zusammenhang mit komplexen Zahlen relevant ist,
lautet rectform(x). Mit diesem Befehl wird der Ausdruck x in der Form $a+b\,I$
dargestellt, also in den Koordinaten der Gaußschen Zahlenebene bzw. dem
Real- und dem Imaginärteil.

```
>> domtype(2+3*I)
        DOM_COMPLEX
>> arg(2+3*I), abs(2+3*I)
                       1/2
        arctan(3/2), 13
>> conjugate(1/(1+I)), rectform(1/(1+I))
        1/2 + 1/2 I, 1/2 - 1/2 I
```

Eine besondere Rolle bei diesem Datentyp spielt die Zerlegung mit op. Die
Operanden einer komplexen Zahl sind der Real- und der Imaginärteil der
Zahl. Die Verknüpfungen zwischen diesen Bestandteilen und der Imaginären
Einheit sind Teil des Datentyps DOM_COMPLEX.

```
>> x := 34-12*I: domtype(x); op(x)
        DOM_COMPLEX
        34, -12
```

Auch für diesen Datentyp stellen wir eine Übersicht der wichtigsten Befehle
zur Verfügung.

BEFEHL	BEDEUTUNG	DATENTYP DER AUSGABE
abs	Betrag	DOM_FLOAT, DOM_RAT, DOM_INT oder DOM_EXPR
arg	Argument	DOM_FLOAT, DOM_INT oder DOM_EXPR
ceil	Aufrunden von Real- und Imaginärteil	DOM_COMPLEX
conjugate	Berechnung der komplex konjugierten Zahl	DOM_COMPLEX
floor	Abrunden von Real- und Imaginärteil	DOM_COMPLEX
frac	Abschneiden der Vorkommastellen von Real- und Imaginärteil	DOM_COMPLEX
Im	Imaginärteil	Datentyp des Imaginärteils
Re	Realteil	Datentyp des Realteils

BEFEHL	BEDEUTUNG	DATENTYP DER AUSGABE
`rectform`	Darstellung in Koordinaten der Gaußschen Zahlenebene	`DOM_COMPLEX`
`round`	Runden von Real- und Imaginärteil	`DOM_COMPLEX`
`sign`	$\mathrm{sign}(z) = \frac{z}{|z|}$	`DOM_COMPLEX`
`trunc`	Abschneiden der Nachkommastellen von Real- und Imaginärteil	`DOM_COMPLEX`

Für `ceil`, `floor`, `frac`, `round` und `trunc` kann die Auswertung auch den Datentyp des Realteils annehmen, wenn der Imaginärteil null ist.

4.2.2 Ausdrücke

Wie oben schon angekündigt, folgt nun der Datentyp für die symbolischen Ausdrücke. Dieser Datentyp wird in MuPAD mit `DOM_EXPR` bezeichnet. Auf Objekte dieses Datentyps lassen sich alle für Zahlen bekannten Befehle und Operatoren anwenden. Die approximative Berechnung dieses Datentyps erfolgt, soweit möglich, durch `float`.

Der Auswerter von MuPAD vereinfacht symbolische Ausdrücke automatisch. So werden Ergebnisse, die eine Darstellung in den Datentypen `DOM_INT`, `DOM_RAT` oder `DOM_COMPLEX` erlauben, durch diese Darstellung ersetzt. Der gleiche Effekt tritt auf, wenn sich der Real- und der Imaginärteil einer komplexen Zahl durch diese Datentypen darstellen lässt.

```
>> domtype(sin(8)), domtype(1.34^sin(8))
        DOM_EXPR, DOM_EXPR
>> 4^(1/2)
        2
>> hold(4^(1/2)), domtype(hold(4^(1/2)))
         1/2
        4    , DOM_EXPR
>> level(4^(1/2),1), domtype(level(4^(1/2),1))
        2, DOM_INT
>> cos(PI)
        -1
>> cos(arccos(2+3*I))
        2 + 3 I
```

In Kapitel 6 kommen wir auf Ausdrücke zurück. Dort werden wir diskutieren, mit welchen Befehlen Ausdrücke manipuliert und vereinfacht werden können.

4.3 Funktionen

Funktionen bzw. Abbildungen sind wesentlicher Bestandteil der modernen mathematischen Sprache. Wir verwenden in diesem Buch die Begriffe Abbildungen und Funktionen synonym.

Auch MuPAD bietet das Konstrukt der Funktionen. Sie werden mit Hilfe des Pfeiloperators `->` definiert: `(arg1,arg2,...) -> f(arg1,arg2,...)`. Bei nur einem Argument können die Klammern vor dem Pfeiloperator weggelassen werden.

Die *Funktionsvorschrift* `f(arg1,arg2,...)` kann dabei ein Objekt vom Datentyp `DOM_EXPR`[7] sein. Auf diese Weise werden symbolische Ausdrücke wie $\cos(x)$ oder $\exp(x)$ in Funktionen umgewandelt.

Grundsätzlich ist es möglich, Funktionen zwischen allen Datentypen zu definieren. So können die Funktionswerte beispielsweise auch aus Zahlen oder Matrizen bestehen.

Wurde die Funktion einem Bezeichner `bez` zugeordnet, erfolgt der Aufruf der Funktion über `bez(a1,a2,...)`. Dabei sind `a1,a2,...` die Argumente der Funktion.

Der Datentyp einer Funktion ist `DOM_PROC`. Wir werden auf diesen Datentyp zurückkommen, da auch selbst erstellte Prozeduren diesen Datentyp besitzen.[8]

```
>> f := x -> x^2; f(2)
        x -> x^2
        4
>> f := (x,y,z) -> cos(x*PI)+y^z; f(1,4,6)
        (x, .y, z) -> cos(x*PI) + y^z
        4095
>> domtype(f)
        DOM_PROC
```

Funktionen lassen sich in MuPAD mittels der bekannten Operatoren addieren, subtrahieren, multiplizieren und dividieren. Natürlich müssen die entsprechenden Verknüpfungen in der Bildmenge definiert sein. Es gilt die Syntax `(f1 op f2)(a1,a2,...)` mit dem Operator `op`, den Funktionen `f1` und `f2` und den Argumenten `a1,a2,...`.

```
>> f := x -> x^2: g := x -> x^x:
>> (f-g)(2), (f*g)(2), (f/g)(0)
        0, 16, 0
```

Auch die Hintereinanderausführung von Funktionen ist möglich. Mit Hilfe des Operators `@` und der Syntax `(f@g)(a1,a2,...)` wird die Komposition

---

[7] vgl. Kapitel 4.2.
[8] vgl. Kapitel 10.

$f(g(x)) = f \circ g$ definiert. Dabei können auch Systemfunktionen wie abs oder exp genutzt werden.

Mit dem Operator @@ kann die gleiche Funktion mehrmals hintereinander angewendet werden. Durch (func@@n)(x) wird die Funktion func n-mal hintereinander ausgeführt.

```
>> f := x -> x^2: g := x -> x^x: (f@g)(2), (exp@g)(1)
        16, exp(1)
>> (f@@2)(x)
         4
        x
>> g := x -> g(x): g(0)
Error: Recursive definition [See ?MAXDEPTH];
during evaluation of 'g'
```

An dem letzten Beispiel erkennt man, dass die Umgebungsvariable MAXDEPTH eine wichtige Rolle spielt. Diese Größe nimmt bei der Auswertung von Funktionen den Platz von MAXLEVEL bei den Bezeichnern ein. MAXDEPTH bestimmt die Anzahl der maximalen Rekursionsschritte. Der Defaultwert von MAXDEPTH ist 500.

Im Folgenden wollen wir das Zusammenspiel von Funktionen und anderen Datentypen in MuPAD betrachten. Zuerst betrachten wir die Arbeit des Auswerters bei diesen Definitionen; danach gehen wir auf das Konvertieren von Funktionen und Ausdrücken ein.

In MuPAD besteht die Funktionsvorschrift aus Objekten von Ausdrücken, Zahlen oder anderen Datentypen. Zu beachten ist eine Besonderheit in MuPAD. Bezeichner und Befehle in der Funktionsvorschrift werden nicht ausgewertet. Das bedeutet, dass nicht die Werte von Bezeichnern in einer Funktion enthalten sind, sondern die Bezeichner selbst. Die Bezeichner werden bei jedem Funktionsaufruf neu ausgewertet. Auch die Befehle eval und level wirken dem nicht entgegen, da auch diese Befehle nicht ausgewertet werden. Die Befehle sind ebenfalls Bestandteile der Funktion und werden bei jedem Funktionsaufruf neu ausgeführt.

Das Unterdrücken der Auswertung bei Funktionen ermöglicht insbesondere das einfache Definieren von parameterabhängigen Funktionen. MuPAD unterscheidet strikt zwischen Bezeichner und Funktionsparameter. Dies zeigt das dritte Beispiel.

```
>> a := sin(2*x): k := x -> a*x; l := x -> eval(a)*x
        x -> a*x
        x -> eval(a)*x
>> k(2)
        2 sin(2 x)
>> a := y: k(2)
        2 y
```

MuPAD bietet allerdings mit dem erweiterten Funktionenoperator --> die
Möglichkeit, schon bei der Zuweisung vollständig auszuwerten. Es werden dabei alle bekannten Informationen rekursiv verwendet.

```
>> n := 3: f := x --> x^n; f(2)
       x -> x^3
       8
```

Die meisten Funktionen werden durch Ausdrücke definiert. Kommen wir nun
zu der Frage, wie man aus einer Funktion diesen Ausdruck extrahieren kann
und wie man mit Hilfe eines Ausdrucks eine Funktion definieren kann. Dazu
gibt es jeweils eine Möglichkeit.

Ist der Funktionswert ein Ausdruck, so ergibt die Auswertung eines Funkti-
onsaufrufs in der Regel wiederum einen Ausdruck. Sind die Argumente beim
Aufruf freie Bezeichner, also Bezeichner die kein Objekt repräsentieren, so
erhält man die definierte Funktionsvorschrift mit den Bezeichnern an den entsprechenden Stellen.

```
>> f := (x,y) -> sin(x)*cos(tan(y)):
>> f(y,x); domtype(%)
       sin(y) cos(tan(x))
       DOM_EXPR
```

Betrachten wir nun den umgekehrten, etwas schwierigeren Fall. Dazu ist eine
Funktion aus der Bibliothek fp nötig. Diese Bibliothek enthält Funktionen
zum funktionalen Programmieren.
Die Funktion, die wir aus dieser Bibliothek benötigen, heißt unapply. Mit dieser Funktion ist es möglich, einen Ausdruck in eine Funktion zu konvertieren.
Die Syntax ist dabei folgende: fp::unapply(obj,arg1,arg2,...). Der Ausdruck obj soll in eine Funktion umgewandelt werden. arg1,arg2,... sind
die Bezeichner in dem Ausdruck, von denen die Funktion abhängen soll. Die
Reihenfolge der Bezeichner entspricht der Reihenfolge im späteren Funktionsaufruf.
Sollten keine Argumente angegeben sein, so wird eine Funktion erzeugt, die
von allen Bezeichnern in dem Ausdruck abhängig ist. Über die Reihenfolge
der Argumente lässt sich in diesem Fall nichts aussagen.

```
>> a := sin(y)*x; f := fp::unapply(a); f(1/2,PI)
       x sin(y)
       (y, x) -> x*sin(y)
       PI sin(1/2)
>> f := fp::unapply(a,x,y); f(1/2,PI)
       (x, y) -> x*sin(y)
       0
```

4.4 Boolescher Datentyp

Als Nächstes betrachten wir einen weiteren grundlegenden Datentyp, der eine große Rolle spielen wird beim Verfassen eigener Prozeduren. Bei Fallunterscheidungen untersucht man in der Regel, ob eine Aussage wahr oder falsch ist. Entsprechend werden dann verschiedene Befehle ausgeführt. Man spricht in der Informatik von *Wahrheitswerten* oder *Booleschen Werten*. Diese Werte werden in der Regel durch TRUE (wahr) und FALSE (falsch) bezeichnet bzw. durch 1 und 0 gekennzeichnet.

In MuPAD existiert neben den bekannten Werten TRUE und FALSE ein weiterer Wert, der in unentscheidbaren Situationen Anwendung findet. Dieser Wert heißt UNKNOWN.

Ein Bezeichner, der einen dieser drei Werte repräsentiert, wird zu einem Objekt vom Datentyp DOM_BOOL ausgewertet.

```
>> A := TRUE; domtype(A)
        TRUE
        DOM_BOOL
```

Entsprechend der Booleschen Algebra gibt es in MuPAD folgende logische Operatoren: das Logische „Und" and, das Logische „Oder" or, die Logische Verneinung not, das Logische „Exklusiv-Oder" xor, die Logische Implikation ==> und das Logische Äquivalent <=>.

Am Beispiel der drei Operatoren and, or und not zeigen wir den Einfluss der dritten Wahrheitsvariablen UNKNOWN durch die *Wahrheitstabellen* dieser Operatoren.

and	TRUE	UNKNOWN	FALSE
TRUE	TRUE	UNKNOWN	FALSE
UNKNOWN	UNKNOWN	UNKNOWN	FALSE
FALSE	FALSE	FALSE	FALSE

or	TRUE	UNKNOWN	FALSE
TRUE	TRUE	TRUE	TRUE
UNKNOWN	TRUE	UNKNOWN	UNKNOWN
FALSE	TRUE	UNKNOWN	FALSE

	TRUE	UNKNOWN	FALSE
not	FALSE	UNKNOWN	TRUE

Mit den Operatoren und den Wahrheitswerten können logische Ausdrücke erstellt werden. Diese werden in MuPAD automatisch ausgewertet.

```
>> A := TRUE: B := FALSE: C := UNKNOWN:
>> not (C and B or A) xor A
        TRUE
```

```
>> (A==>B) and C
        FALSE
>> B<=>C or B
        UNKNOWN
```

In einigen Fällen ist der Wahrheitswert von Gleichungen oder Ungleichungen
interessant, zum Beispiel um in einer selbst geschriebenen Wurzelfunktion nur
Argumente größer null zuzulassen. Für solche Vergleiche gibt es die Funktion `bool(x)`. Dabei ist x ein *Boolescher Ausdruck* wie eine Gleichung oder eine
Ungleichung. Die Auswertung ist die Boolesche Auswertung dieses Ausdrucks.

```
>> bool(1>=3); x := y: bool(sin(x)=sin(y))
        FALSE
        TRUE
>> A := 3=4; bool(A)
        3 = 4
        FALSE
```

Zum Schluss noch eine Warnung an alle Leser. Es ist wichtig, sich zu merken,
dass die Abfrage `bool(a=b)` eine rein syntaktische Abfrage ist. Es wird nicht
auf mathematische Wahrheit geprüft. Obwohl $\sin^2(x) + \cos^2(x) = 1$ ist, ergibt
die entsprechende Abfrage FALSE. Die Begründung ist, dass in diesem Fall
der Ausdruck $\sin^2(x) + \cos^2(x)$ nicht automatisch vereinfacht wird, und somit
vom Datentyp `DOM_EXPR` ist, während 1 eine Zahl vom Typ `DOM_INT` ist. Zwei
Objekte sind für `bool` genau dann gleich, wenn sie sowohl vom gleichen Typ
sind, als auch die gleiche Auswertung besitzen.

```
>> a := sin(x)^2+cos(x)^2: b := 1:
>> bool(a=b)
        FALSE
>> bool(1=1.0)
        FALSE
>> bool(simplify(a)=b)
        TRUE
```

Eine Alternative zu `bool` ist `testeq`. `testeq` prüft eine Gleichung $a = b$
nicht auf syntaktische Gleichheit, sondern auf mathematische Äquivalenz. Eine Gleichung wird dann als wahr bezeichnet, wenn der Ausdruck $a - b$ zu 0
vereinfacht werden kann.

```
>> testeq(sin(x)^2+cos(x)^2=1)
        TRUE
>> testeq(sin(x)^2+cos(x)^2=1.0)
        TRUE
```

4.5 Strings

In diesem Abschnitt werden die Möglichkeiten besprochen, *Zeichenketten* zu erstellen. Zeichenketten haben in MuPAD den Datentyp DOM_STRING. Sie sind wichtig, um Fehlermeldungen und andere Bildschirmausgaben zu erzeugen. Aber auch für Manipulationen an Zeichenketten, zum Beispiel bei Verschlüsselungen, ist man auf diesen Datentyp angewiesen.

Ein Objekt dieses Datentyps besteht aus einer geordneten Aneinanderreihung von Zeichen. Dabei gelten Zahlen, Buchstaben und Sonderzeichen als Zeichen. Bei der Zuweisung werden diese Zeichenketten durch die Begrenzer " gekennzeichnet. Die Zeichenkette innerhalb diesen Begrenzern wird nicht ausgewertet.

```
>> lalelu := 0: a := "lalelu"; a
        "lalelu"
        "lalelu"
>> 123+12*sin(PI)
        123
>> b := "123+12*sin(PI)": b
        "123+12*sin(PI)"
```

Einzelne Zeichen können mit Hilfe des Indexoperators [] extrahiert werden. Die einzelnen Zeichen sind wiederum vom Typ DOM_STRING. Die Syntax bei einer Zeichenkette st und dem Index i lautet: st[i]. Die Nummerierung der Zeichen beginnt bei 1. Verwendet man eine ältere MuPAD-Version, so ist Vorsicht geboten, da dort die Indizierung bei 0 beginnt. Neben einem Zeichen kann man auch mehrere Zeichen über diese Indizierung ansprechen. So gibt st[i..j] die i-ten bis j-ten Zeichen der Zeichenkette aus.

Der Indexoperator kann genutzt werden, um einzelne Zeichen der Zeichenkette zu manipulieren. Der Zeichenkette st wird durch den Indexoperator mit dem entsprechenden Index i das neue Zeichen n, natürlich von Begrenzern " eingeklammert, zugewiesen: st[i] := "n". Auch hier kann ein Bereich und nicht nur einzelne Zeichen innerhalb der Zeichenkette manipuliert werden. Dabei muss der neue Bereich nicht die gleiche Anzahl an Zeichen haben wie der alte Bereich.

Die Länge einer Zeichenkette gibt die Funktion length zurück. Mit Hilfe des Punktoperators können zwei Zeichenketten verbunden werden.

Um eine Ausgabe am Bildschirm ohne die Begrenzer " zu erzeugen, wird die Funktion print mit der Option Unquoted benötigt. print(Unquoted,st) gibt die Zeichenkette st ohne die Begrenzer aus.

Es können keine mathematischen Berechnungen wie das Addieren oder Potenzieren an Zeichenketten vorgenommen werden.

In MuPAD existiert für Zeichenketten die lexikographische Sortierung. Bei einem Vergleich von zwei Zeichenketten macht sich dies bemerkbar.

```
>> b := "123+12*sin(PI)": b[1]; b[4] := "1": b
        "1"
        "123112*sin(PI)"
>> b[2..5] := "25": b, length(b)
        "1252*sin(PI)", 12
>> a := "12-": print(Unquoted,a.b)
        12-1252*sin(PI)
>> a^b
Error: Illegal operand [_power]
>> bool("er">"es"), bool("er"<"es")
        FALSE, TRUE
```

Weiterhin ist es möglich, beliebige MuPAD-Objekte in einen String umzuwandeln. Dazu ist die Funktion `expr2text(obj1,obj2,...)` nötig. Es werden alle MuPAD-Objekte als Argumente `obj1,obj2,...` akzeptiert. Die Zeichenkette entspricht im Allgemeinen der Ausgabe der Auswertung dieses Objektes bei der Einstellung `PRETTYPRINT := FALSE`. Durch diese Umgebungsvariable wird die Darstellung der Auswertung gesteuert. `PRETTYPRINT` gibt in der Einstellung `FALSE` die Auswertung linksbündig und nicht mehr zentriert aus. Außerdem wird das Multiplikationszeichen mit angezeigt. Die Auswertung von `expr2text(obj)` als neue Eingabe erzeugt im Allgemeinen wieder die Repräsentation von `obj`.

Wenn mehrere Objekte als Argumente übergeben werden, werden die Zeichenketten der einzelnen Objekte in der Reihenfolge der Argumente in einer Folge aneinandergehängt.

Das Gegenstück zu diesem Befehl ist `text2expr`. Mit diesem Befehl werden die von `expr2text` erstellten Zeichenketten wieder in Objekte anderer Datentypen zurückgewandelt.

```
>> a := sin(2*x): b := cos(2*x): c := expr2text(a,b)
        "sin(2*x), cos(2*x)"
>> text2expr(c); domtype(%)
        sin(2 x), cos(2 x)
        DOM_EXPR
```

In der Bibliothek `stringlib` finden sich weitere Befehle zur Manipulation von Zeichenketten.

4.6 Sonstige Datentypen

Es gibt in MuPAD die Möglichkeit, eigene Datentypen zu definieren. In der Regel genügen aber die vordefinierten Datentypen, so dass wir auf diesen Aspekt von MuPAD hier nicht eingehen werden.

Stattdessen wollen wir im Folgenden einige spezielle Datentypen darstellen, auf die wir bisher noch nicht eingegangen sind.

4.6.1 Polynome

In den vorherigen Kapiteln hatten wir schon des Öfteren Polynome als spezielle Ausdrücke vom Typ DOM_EXPR studiert. Warum gibt es dann also einen eigenen Datentyp DOM_POLY für Polynome? Das Arbeiten mit Polynomen ist ein wichtiges Anwendungsfeld für CAS. Deswegen ist eine effiziente Implementierung entsprechender Algorithmen wichtig, die gezielt die Struktur von Polynomen nutzen.

Beginnen wir die Darstellung mit der Definition von Polynomen mittels des Befehls poly.

```
>> g := poly(1+2*x+x^2)
               2
      poly(x   + 2 x + 1, [x])
```

Als Nächstes studieren wir die Definition für den Fall, dass einige der Koeffizienten Bezeichner sind.

```
>> h := poly(c1+c2*x+c3*x^2+c4*x^3)
                        2       3
      poly(c1 + c2 x + c3 x   + c4 x ,
      [c1, c2, c3, c4, x])
>> k := poly(c1+c2*x+c3*x^2+c4*x^3,[x])
                3         2
      poly(c4 x   + c3 x   + c2 x + c1, [x])
>> l := poly(c1+c2*x+c3*x^2+c4*x^3,[x,c1])
                3         2
      poly(c4 x   + c3 x   + c2 x + c1, [x, c1])
```

Worin unterscheiden sich die Eingaben für h, k und 1? Während k ein Polynom mit Unbestimmter x und Koeffizienten $c1, c2, c3, c4$ ist, sind h und l multivariate Polynome in den Unbestimmten $c1, c2, c3, c4, x$ bzw. $x, c1$.

Mit den Polynomen kann in gewohnter Weise gerechnet werden. Die Operatoren $+, -, *, /$ können wie gewohnt benutzt werden.

```
>> g+k
                3                  2
      poly(c4 x   + (c3 + 1) x   + (c2 + 2) x
      + (c1 + 1), [x])
>> g*k
                5                    4
      poly(c4 x   + (c3 + 2 c4) x
                        3                        2
      + (c2 + 2 c3 + c4) x   + (c1 + 2 c2 + c3) x
      + (2 c1 + c2) x + c1, [x])
```

Durch evalp(p,[x1=y1,x2=y2,...]) kann die Berechnung der Funktionswerte von Polynomen erfolgen. Dabei sind x1,x2,... die Unbestimmten

des Polynoms p und y1,y2,... die entsprechenden Stellen, an denen evaluiert werden soll. Die gleiche Ausgabe erzeugt die funktionale Auswertung p(y1,y2,...) bei richtiger Anordnung der Unbestimmten.

```
>> evalp(k,x=2); evalp(l,[x=2,c1=1])
       c1 + 2 c2 + 4 c3 + 8 c4
       2 c2 + 4 c3 + 8 c4 + 1
>> k(2); l(2,1)
       c1 + 2*c2 + 4*c3 + 8*c4
       2*c2 + 4*c3 + 8*c4 + 1
```

Der Grad eines Polynoms lässt sich mittels des Befehls degree(p,x) bestimmen. Dabei ist p ein Polynom und x eine Unbestimmte.

```
>> degree(k), degree(l,x), degree(l,c1)
       3, 3, 1
```

Koeffizienten können durch den Befehl coeff(p,n) ausgelesen werden.

```
>> p := poly(a0+a1*x+a2*x^4,[x]):
>> coeff(p,0), coeff(p,4), coeff(p,5)
       a0, a2, 0
```

Für Probleme in einer Veränderlichen ist auch noch die Division mit Rest
interessant, die in jedem Polynomring über einem Körper definiert ist. Durch
divide(p1,p2) wird zu Polynomen $p1$ und $p2$ eine Darstellung

$$p1 = r \cdot p2 + s$$

bestimmt, wobei s ein Polynom mit einem niedrigeren Polynomgrad als $p2$
ist.

```
>> p1 := poly(x^3+1): p2 := poly(x^2-1):
>> divide(p1,p2)
       poly(x, [x]), poly(x + 1, [x])
```

Der Rückgabewert von divide ist eine Folge von zwei Polynomen. Die Probe
zeigt, dass die Zerlegung wirklich stimmt.

```
>> op(%,1)*p2+op(%,2)
              3
       poly(x  + 1, [x])
```

Darüber hinaus kann man auf Polynome auch Standardbefehle wie int und
diff anwenden.

4.6.2 Intervallarithmetik

Zumindest kurz streifen möchten wir hier den Bereich der Intervallrechnung.
Beim Umgang mit Gleitkommazahlen haben wir gesehen, dass Zahlen nicht

exakt sondern nur approximativ abgebildet werden. Dies führt zu Rundungs-
fehlern, die sich im Laufe der Rechnungen verstärken können. Ein geeignetes
Werkzeug diese Fehler zu analysieren ist die Intervallarithmetik. Die Idee ist
dabei recht simpel. Man gibt keine genaue Zahl an, sondern ein Intervall, in
der die darzustellende Zahl liegt. Obwohl MuPAD auch komplexe Intervallarithmetik beherrscht, werden wir uns bei der Darstellung auf den reellen Fall
beschränken.

Erzeugt werden können diese Objekte von Typ DOM_INTERVAL durch den Operator ..., wie man an dem folgenden Beispiel sieht.

```
>> x  :=   2...3
           2.0 ... 3.0
```

Zu einer gegebenen Zahl kann man sich durch den Befehl hull ein Intervall
angeben lassen, in dem die Zahl auf jeden Fall liegt. Die Breite des Intervalls
hängt dabei von der Anzahl der signifikanten Stellen ab.

```
>> z  := hull(PI)
           3.141592653 ... 3.141592654
>> DIGITS := 15: y := hull(PI)
           3.14159265358979 ... 3.14159265358980
```

Mit diesen Intervallen kann nun auch in der gewohnten Weise gerechnet werden.

```
>> DIGITS := 10: X := hull(PI): Y := 2...3:
>> X+Y; X*Y; X/Y
           5.141592653 ... 6.141592654
           6.283185307 ... 9.424777961
           1.047197551 ... 1.570796327
```

Auch Standardfunktionen wie exp, abs oder sin lassen sich auf Intervalle
anwenden:

```
>> sin(X); abs(exp(X))
          -5.048709794e-29 ... 5.048709794e-29
           23.14069263 ... 23.14069264
```

Eine besondere Anwendung der Intervallarithmetik liegt darin, den Wertebereich des Exponenten von DOM_FLOAT zu ermitteln. Dabei untersucht man
einfach das Intervall einer Zahl, die nicht in DOM_FLOAT darstellbar ist oder
am Rand des Wertebereichs liegt. Das folgende Beispiel stammt von einem
Linuxsystem auf einem 32-Bit-Rechner.

```
>> hull(0.0)
          -1.875958165e-2525222 ...
           1.875958165e-2525222
```

```
>> hull(exp(10^20))
        4.264487423e2525222 ... RD_INF
>> hull(-exp(10^20))
        RD_NINF ...  -4.264487423e2525222
```

Die Konstanten RD_INF und RD_NINF repräsentieren das reelle positive Unendlich bzw. das reelle negative Unendlich innerhalb der Intervallarithmetik.

4.6.3 Die Bibliothek Dom

Wir haben bereits viele im Kern vordefinierte Datentypen kennengelernt. Darüber hinaus stellt MuPAD in der Bibliothek Dom noch einige weitere Datentypen zur Verfügung. Eine Übersicht aller Datentypen erhält man durch info(Dom). Im Wesentlichen besteht jeder dieser Datentypen aus einem *Konstruktor* (Erzeuger), dessen Aufruf ein Objekt dieses Datentyps erzeugt, und *Methoden*, die für die Datentypen definiert sind.

Wir werden hier erst gar nicht den Versuch machen, die Bibliothek vollständig darzustellen. Stattdessen werden wir uns einen gebräuchlichen Datentyp herausgreifen und an ihm das allgemeine Vorgehen schildern.

Wir betrachten den *Restklassenring der ganzen Zahlen modulo n*. Ist n eine Primzahl, so bildet der zugehörige Restklassenring bekanntlich einen Körper. In diesem Körper sind die üblichen Rechenoperationen wie $+, -, *, /$ definiert. Lassen Sie uns ein Beispiel betrachten.

```
>> Konstruktor := Dom::IntegerMod(5)
        Dom::IntegerMod(5)
>> x := Konstruktor(3)
        3 mod 5
>> y := Konstruktor(4)
        4 mod 5
>> x+y, x-y, x*y
        2 mod 5, 4 mod 5, 2 mod 5
```

In der ersten Zeile definieren wir den Konstruktor für den Restklassenring modulo 5. Dem Bezeichner x wird dann der Wert 3 mod 5 zugeordnet und y der Wert 4 mod 5. Diese Objekte haben dann auch den entsprechenden Datentyp.

```
>> domtype(x)
        Dom::IntegerMod(5)
```

Natürlich kann man Standardfunktionen wie sin oder cos nicht auf derartige Objekte anwenden.

```
>> sin(x)
Error: argument must be of 'Type::Arithmetical' [sin]
```

Am Ende möchten wir in Vorgriff auf Kapitel 8 noch erläutern, wie man
Matrizen über diesen Mengen konstruieren kann. Dazu brauchen wir als Erstes
einen geeigneten Konstruktor:

```
>> KonstrMatr := Dom::Matrix(Dom::IntegerMod(5))
        Dom::Matrix(Dom::IntegerMod(5))
```

In dem Beispiel haben wir einen Konstruktor für Matrizen über den Rest-
klassenkörper modulo 5 definiert. Matrizen können dann wie folgt definiert
werden, vgl. Kapitel 8.3.

```
>> X := KonstrMatr([[1,2],[2,3]])
     +-                   -+
     |  1 mod 5, 2 mod 5  |
     |                    |
     |  2 mod 5, 3 mod 5  |
     +-                   -+
```

Diese Matrizen können nun entsprechend multipliziert und invertiert werden.

```
>> X*X, X^(-1)
     +-                   -+  +-                   -+
     |  0 mod 5, 3 mod 5  |  |  2 mod 5, 2 mod 5  |
     |                    |, |                    |
     |  3 mod 5, 3 mod 5  |  |  2 mod 5, 4 mod 5  |
     +-                   -+  +-                   -+
```

4.6.4 Null-Objekte

Es gibt in MuPAD mehrere verschiedene Objekte, die das „Nichts" symbo-
lisieren. Im Wesentlichen sind das null(), NIL und FAIL mit Datentypen
DOM_NULL, DOM_NIL und DOM_FAIL. Sie sind jeweils die einzigen Objekte der
zugehörigen Datentypen.
Der Befehl null() erzeugt eine leere Folge. Sie ist der Rückgabewert von
Systemfunktionen wie reset oder print.

```
>> b := print("Hello World"): b, domtype(b)
        "Hello World", DOM_NULL
```

Im Umgang mit Folgen ist der Befehl praktisch, um beispielsweise Folgen zu
initialisieren oder aber auch, um Einträge aus einer Folge zu löschen.

```
>> xn := null(): xn := xn,1: xn
        1
>> yn := (n $ n=1..10):
>> yn := eval(subs(yn,2=null())): yn
        1, 3, 4, 5, 6, 7, 8, 9, 10
```

NIL hat eine etwas andere Bedeutung als null(). NIL fungiert als Platzhalter. So werden zum Beispiel beim Erzeugen eines Arrays alle Werte mit NIL vordefiniert.

```
>> A := array(1..3): A[1], op(A,1)
       A[1], NIL
```

Das nächste Beispiel zeigt den Unterschied zwischen null() und NIL.

```
>> A := {1,2,NIL,null()}
       {NIL, 1, 2}
```

Während das Objekt NIL weiterhin als „Platzhalter" erhalten bleibt, wird bei der Definition die Menge A evaluiert und das Objekt null() aus der Menge entfernt. Des Weiteren werden lokale Variablen bei Prozeduren mit dem Wert NIL vordefiniert (vgl. Kapitel 10).

Das dritte Objekt, das wir hier behandeln, ist FAIL. Es ist immer dann der Rückgabewert, wenn eine Funktion kein Rückgabe-Objekt erzeugen konnte. Dies ist zum Beispiel der Fall bei der Bestimmung der Inversen einer singulären Matrix.

```
>> B := matrix([[1,2],[2,4]]): B^(-1)
       FAIL
```

5

Datencontainer

In diesem Kapitel betrachten wir eine besondere Art von Datentypen[1], die
Datencontainer. Unter Datencontainer verstehen wir Datentypen in denen
Objekte zusammengefasst werden. Dazu gehören zum Beispiel Tabellen von
Gleichungen oder auch Mengen und Listen.
Wir beginnen hier mit einem Datencontainer, den wir schon oft benutzt haben,
der sogenannten Folge.

5.1 Folgen

Folgen sind in MuPAD **nicht** im mathematischen Sinne zu verstehen. Eine
Folge ist in MuPAD eine durch Kommata getrennte, endliche Aneinanderrei-
hung von Objekten verschiedener Datentypen. Die Behandlung von Folgen im
mathematischen Sinne wird in Kapitel 7.1 diskutiert.
Eine Folge ist ein Objekt des Datentyps DOM_EXPR. Anwendung finden sol-
che Konstrukte zum Beispiel beim Aufruf von Funktionen (Argumentenfolge).
Sehr oft nutzen Datencontainer bei ihrer Definition eine Folge von Einträgen.
Aus diesem Grund behandeln wir dieses Konstrukt zuerst.

Die Definition einer Folge kann durch die Aneinanderreihung von Objekten,
getrennt durch Kommata, geschehen. Dabei müssen die Objekte nicht den
gleichen Datentyp besitzen.
Eine weitere Möglichkeit ist die Definition mit Hilfe des Folgenoperators \$,
wie wir ihn in Kapitel 3.5 auf Seite 37 kennengelernt haben. Diese Methode
der Folgendefinition kann für alle Datencontainer und auch in allen bisherigen
Befehls- und Funktionsaufrufen genutzt werden.

```
>> 3,4,5,6,7,1
         3, 4, 5, 6, 7, 1
```

---

[1] vgl. Kapitel 3.3.

```
>> domtype(%)
        DOM_EXPR
>> sin(i*PI) $ i=1..9 step 2
        0, 0, 0, 0, 0
>> sin(i) $ i=1..3 step 1/2
        sin(1), sin(3/2), sin(2), sin(5/2), sin(3)
```

Man kann nun mit den Indexklammern [] gezielt auf die Elemente einer Folge zugreifen. Mittels `delete` werden einzelne Elemente gelöscht, wobei nach dem Löschen die Einträge der Folge neu nummeriert werden. Wie schon in Abschnitt 4.6.2 beschrieben, können mit `null()` leere Folgen erzeugt werden. Den gleichen Effekt hat der Befehl `_exprseq()`. Jedoch lässt sich `_exprseq` auch dazu verwenden, nicht-leere Folgen, insbesondere einelementige Folgen, zu erstellen. Dazu werden die Elemente der Folge an die Funktion übergeben.

```
>> f := _exprseq(): folge := f,1,2,3,4
        1, 2, 3, 4
>> folge[2]
        2
>> delete folge[3]: folge
        1, 2, 4
>> folge[3]
        4
>> _exprseq(1); _exprseq(1,3,5)
        1
        1, 3, 5
```

5.2 Mengen

Der nächste Datencontainer ist der Datentyp `DOM_SET`, die Menge. Wir wollen mit einer mathematischen Definition von Mengen beginnen.

Definition 5.2.1 (nach Cantor). *Eine* Menge *ist eine beliebige Zusammenfassung von bestimmten wohlunterschiedenen Objekten zu einem Ganzen.*
Die Objekte heißen Elemente *der Menge. Ist x ein Element der Menge M, so schreibt man $x \in M$.*
Man sagt, eine Menge M ist in einer Menge N enthalten oder M ist eine Teilmenge *von N, wenn für alle $x \in M$ auch $x \in N$ gilt. Man schreibt $M \subseteq N$. Gilt $M \subseteq N$ und $N \subseteq M$, so sind die beiden Mengen gleich. Man schreibt $M = N$.*
Man nennt die Anzahl der Elemente einer Menge M die Kardinalität *von M. Sie wird mit $|M|$ bezeichnet.*
Die Potenzmenge *$P(M)$ einer Menge M ist die Menge aller Teilmengen von M. Die Kardinalität der Potenzmenge ist $2^{|M|}$.*

Eine Menge wird in MuPAD definiert, indem eine Folge von beliebigen Objekten zwischen geschweifte Klammern geschrieben wird: {obj1,obj2,...}. Wenn kein Objekt angegeben ist, wird eine leere Menge definiert.
Objekte vom Typ DOM_SET verhalten sich den mathematischen Eigenschaften einer Menge entsprechend. So werden innerhalb einer Menge nur wohlunterschiedene Objekte berücksichtigt. Ein Element, welches sich schon in einer Menge befindet, ändert den Inhalt der Menge nicht.

```
>> Menge := {1,2,2}
        {1, 2}
```

Alle Mengenoperationen sind in MuPAD implementiert. Dazu gehören unter anderem intersect (Schnitt von Mengen), minus (Differenz von Mengen) und union (Vereinigung von Mengen). Mit subset wird geprüft, ob eine Menge eine Untermenge einer anderen ist und in prüft, ob ein bestimmtes Element in einer Menge enthalten ist. Dabei gibt subset einen Wahrheitswert zurück, während in nur einen Booleschen Ausdruck ergibt, der erst noch mit bool ausgewertet werden muss. Das Einfügen oder Löschen eines Elementes wird mit Hilfe der Mengenoperationen durchgeführt. Auch hierbei wird auf wohlunterschiedene Objekte geachtet.

```
>> Menge1 := {1,2,3,4,5,6,7,8,9}:
>> Menge2 := {2,4,6,8}: Menge3 := {1,2,3,11,12}:
>> Menge1 intersect Menge3
        {1, 2, 3}
>> Menge3 union {3,4}; Menge4 := Menge1 minus {3}
        {1, 2, 3, 4, 11, 12}
        {1, 2, 4, 5, 6, 7, 8, 9}
>> Menge2 subset Menge1; 3 in Menge4; bool(%)
        TRUE
        3 in {1, 2, 4, 5, 6, 7, 8, 9}
        FALSE
```

Mengen lassen sich mit den Befehlen op(menge,...)[2] und nops(menge) in ihre Bestandteile zerlegen. Dabei sollte aber beachtet werden, dass die interne Reihenfolge der Elemente unterschiedlich zu der Reihenfolge der Bildschirmausgabe ist. Da op die interne Reihenfolge betrachtet, ist die Nummer der internen Reihenfolge anzugeben, wenn ein bestimmtes Element extrahiert werden soll. In der Menge menge wird durch subsop(menge,alt=neu) das Element an der intern alt-ten Stelle durch das Element neu ersetzt. Der Befehl subsop lässt sich auch auf andere Datentypen anwenden.

```
>> Menge1 := {eins,zwei,drei}; op(Menge1)
        {drei, zwei, eins}
        eins, zwei, drei
```

---

[2] vgl. Kapitel 3.4 auf Seite 31.

```
>> op(Menge1,1), subsop(Menge1,3=vier)
       eins, {zwei, vier, eins}
```

Zum Schluss sollten noch drei weitere Befehle erwähnt werden. Der erste Befehl ist dem Operator in ähnlich. `contains(menge,element)` prüft ebenfalls, ob das Element `element` in der Menge `menge` enthalten ist. Allerdings ist der Rückgabewert bei diesem Befehl ein Wahrheitswert und kein Boolescher Ausdruck.

Der zweite Befehl hilft dabei, Elemente mit bestimmten Eigenschaften aus einer Menge auszuwählen. Der Befehl `select(menge,bfunc)` gibt eine Teilmenge von `menge` zurück, deren Elemente angewendet auf die Boolesche Funktion `bfunc` TRUE ergeben. Wir sagen, dass eine Funktion genau dann *boolesch* ist, wenn ihre Funktionswerte Wahrheitswerte sind, wie sie in Kapitel 4.4 eingeführt worden sind.

Sollte diese Funktion mehrere Argumente benötigen, so wird in das erste Argument immer das aktuell geprüfte Element aus der Menge eingesetzt. Die weiteren Argumente `arg2,arg3,...` sind konstant und müssen beim Befehlsaufruf in einer Folge hinter die Boolesche Funktion geschrieben werden. Die Syntax lautet `select(menge,bfunc,arg2,arg3,...)`.

Abschließend wird die Bibliothek `combinat`[3] mit dem Befehl `powerset` vorgestellt. Diese Bibliothek enthält kombinatorische Funktionen, unter anderem den Befehl `powerset` zur Erstellung von Potenzmengen. Die Potenzmenge der Menge `menge` wird durch den Befehl `combinat::powerset(menge)` erstellt. Dieser Befehl ist in `combinat` derzeit noch implementiert, sollte jedoch nicht mehr verwendet werden, worauf die Ausgabe hinweist. Wir nutzen diesen Befehl dennoch an dieser Stelle, da uns keine annehmbare Alternative bekannt ist. Mit `combinat::sublist` wird lediglich eine Liste von Mengen erzeugt, was jedoch mathematisch weniger Sinn macht.

```
>> contains({1,2,3,4,6,7,8,9},5)
       FALSE
>> f := (x,y) -> (bool(x^y>10) and bool(y^x>10)):
>> f(2,3)
       FALSE
>> select({1,2,3,4,5},f,2), select({1,2,3,4,5},f,3)
       {4, 5}, {3, 4, 5}
>> combinat::powerset({1,2,3})
Warning: combinat::powerset is obsolete.
Please use 'combinat::subsets' and
'combinat::subwords' instead. [combinat::powerset]
       {{}, {1}, {2}, {3}, {1, 2}, {1, 3}, {2, 3},
       {1, 2, 3}}
```

---

[3] vgl. Kapitel 3.6 auf Seite 41.

5.3 Listen

Der zweite Datentyp in diesem Kapitel ist DOM_LIST. Objekte vom Typ
DOM_LIST werden Listen genannt. Sie werden in der Regel durch eine in eckigen Klammern [] eingeschlossene Folge definiert: [obj1,obj2,obj3,...]. In
diesem Fall fungieren die eckigen Klammern nicht als Indexklammern, sondern
als Kennzeichnung des Datentyps DOM_LIST in Abgrenzung zu einer Folge. Eine wichtige Eigenschaft der Listen ist ihre Ordnung. Anders als bei Mengen
sind Listen geordnet, haben also eine feste Reihenfolge. Ebenso können Elemente mehrmals vorkommen. Ähnlich den Mengen kann eine Liste leer sein.

Die Elemente einer Liste werden über die Indexklammern angesprochen. Dabei stimmt die interne Sortierung mit der Sortierung der Bildschirmausgabe
überein. Eine vorherige Untersuchung der internen Sortierung wie bei Mengen kann also entfallen. Operanden können direkt mittels des Befehls subsop
ersetzt werden.

Das Ersetzen von Elementen funktioniert bei Listen einfacher als bei Mengen. Das zu ersetzende Element wird mit Hilfe der Indexklammern [] angesprochen und durch eine Zuweisung ersetzt. Es gilt also folgende Syntax:
liste[index] := neues_element.

Durch den Befehl delete[4] werden einzelne Elemente aus einer Liste gelöscht.
Die Elemente werden über ihre Indexnummer angesprochen, wie schon gezeigt
wurde: delete Liste[index]. Die Änderung erfolgt dabei innerhalb der Liste. Die Nummerierung der nachfolgenden Elemente ändert sich entsprechend.

```
>> L := [1,2,3,5,6,7]; L[6]
       [1, 2, 3, 5, 6, 7]
       7
>> L[4] := 4; L
       4
       [1, 2, 3, 4, 6, 7]
>> delete L[5]; L
       [1, 2, 3, 4, 7]
```

Listen werden durch den Punktoperator aneinandergehängt: A.B. Dabei stehen die Elemente der Liste A an erster Stelle und die Elemente der Liste B
folgen danach. Der Rückgabewert dieses Operators ist die neue Liste. Die
Operanden ändern sich nicht.

Mittels append können einzelne Objekte, die noch nicht in einer Liste zusammengefasst sind, an eine Liste angehängt werden. Die Syntax lautet:
append(liste,neu1,...). Die Eingabeliste liste bleibt bei diesem Befehl,
ebenso wie beim Punktoperator, unverändert.

Eine Sortierung einer Liste liste ist mit dem Befehl sort(liste) möglich.
Dabei werden Zahlen aufsteigend, Zeichenketten lexikographisch und Bezeichner nach einer internen Sortierung sortiert.

---

[4] vgl. Kapitel 3.2 auf Seite 28.

```
>> L := [1,2,3,5,6,7]; L := L.[8]
        [1, 2, 3, 5, 6, 7]
        [1, 2, 3, 5, 6, 7, 8]
>> L := append(L,4,2,-2); sort(L)
        [1, 2, 3, 5, 6, 7, 8, 4, 2, -2]
        [-2, 1, 2, 2, 3, 4, 5, 6, 7, 8]
```

Die bisher noch nicht erwähnten, aber aus dem Kapitel über Mengen bereits bekannten Befehle `contains` und `select` finden auch bei den Listen Anwendung.

Mit `contains(liste,element)`[5] wird geprüft, ob das Element `element` in der Liste `liste` enthalten ist. Der Rückgabewert ist hier kein Wahrheitswert wie bei Mengen, sondern der Index des ersten Vorkommens des Elements. Ist das Element `element` nicht vorhanden, so wird 0 zurückgegeben.

`select`[6] hingegen funktioniert und reagiert auf die bekannte Art und Weise. Der Rückgabewert ist eine Teilliste, deren Einträge als Argumente der Booleschen Funktion `bfunc` ein positives Ergebnis liefern. Auch werden die fehlenden Parameter der Booleschen Funktion in der entsprechenden Reihenfolge an die Argumentenfolge angehängt: `select(liste,bfunc,arg2,arg3,...)`.

```
>> L := [1,2,3,5,6,7]; contains(L,4), contains(L,7)
        [1, 2, 3, 5, 6, 7]
        0, 6
>> f := (x,y,z) -> bool(x mod y = z): select(L,f,2,1)
        [1, 3, 5, 7]
```

Die Wahrheitsfunktion f in der letzten Eingabezeile des Beispiels benötigt die drei Argumente x, y und z, wobei der Funktionswert $f(x, y, z)$ genau dann wahr ist, wenn die drei Argumente die Gleichung $x \bmod y = z$ erfüllen. Da f nun drei und nicht zwei Parameter benötigt, ist auch für den `select`-Befehl ein weiterer Parameter notwendig. Es werden nun aus der Liste L die Elemente $L[i]$ einzeln ausgewählt und dann in die Ausgabeliste übernommen, wenn $f(L[i], 2, 1)$ wahr ist. Es wird also eine Teilliste bestehend aus den ungeraden Elementen gebildet.

Eine `select` sehr ähnliche Funktion ist `split`. Im Gegensatz zu `select` filtert `split` nicht nur die Elemente mit einem positiven Ergebnis der übergebenen Booleschen Funktion, sondern teilt die Eingabeliste bezüglich der drei möglichen Antworten `TRUE`, `FALSE` und `UNKNOWN` auf. Zurückgegeben wird eine Liste von Listen. Dabei können alle drei Listen einzeln zugewiesen werden: `[A,B,C] := split(liste,bfunc,arg2,arg3,...)`.

Nach dieser Syntax wird `A` die Liste mit den positiv beantworteten Einträgen, `B` die Liste mit den negativen Einträgen und `C` die Liste mit den unentscheidbar beantworteten Einträgen zugewiesen. MuPAD ermöglicht es also, durch die

---

[5] vgl. Kapitel 5.2 auf Seite 68.
[6] vgl. Kapitel 5.2 auf Seite 68.

explizite Angabe der Struktur einzelne Elemente der Auswertung Bezeichnern zuzuweisen. Dies funktioniert allerdings nur bei den Elementen einer Liste. Weiter verschachtelte Elemente können auf diese Art nicht extrahiert werden. In unserem Fall ist die Struktur der Liste mit drei Elementen bekannt, wobei jedes einzelne Element einem Bezeichner zugewiesen wird.

```
>> L := [1,2,3,5,6,7]:
>> f := (x,y,z) -> bool(x mod y=z):
>> [A,B,C] := split(L,f,4,3)
        [[3, 7], [1, 2, 5, 6], []]
>> A; B; C
        [3, 7]
        [1, 2, 5, 6]
        []
```

Kommen wir nun zu einer wichtigen Funktion im Umgang mit Listen. Der Befehl map ermöglicht es, alle Einträge einer Liste liste als Argumente einer Funktion func einzusetzen: map(liste,func). Das Ergebnis ist wiederum eine Liste. Die Einträge der Liste bestehen aus den Funktionswerten der Einträge der Ausgangsliste unter Einbehaltung der Reihenfolge. Die Einträge werden vollständig ausgewertet.

Sollte die Funktion func mehr als ein Argument benötigen, so werden die konstanten nachfolgenden Argumente an die Argumentfolge angehängt, wie es auch bei select und split der Fall ist: map(liste,func,arg2,arg3,...).

```
>> a := 9: map([a,b,c,d],sin)
        [sin(9), sin(b), sin(c), sin(d)]
>> L := [1,3,4,2,8,7]: f := (x,y) -> x mod y:
>> map(L,f,4)
        [1, 3, 0, 2, 0, 3]
```

In einigen Situationen ist es erforderlich, die Elemente zweier Listen mittels einer Funktion zu verbinden. Zum Beispiel möchte man die Elemente einer Liste als Basis, die einer anderen Liste als Exponent nutzen. Für solche Fälle gibt es den Befehl zip(liste1,liste2,func), wobei die Funktion func zwei Argumente besitzen muss. Sollten die Listen unterschiedlich lang sein, so werden die nicht benötigten Elemente der längeren Liste ignoriert. Die zurückgegebene Liste hat entsprechend die Länge der kürzeren Liste. Alternativ kann ein viertes Argument des zip-Befehls die fehlenden Elemente ersetzen. Durch zip(liste1,liste2,func,elem) wird die kürzere Liste mit dem Element elem bis zur Länge der längeren Liste aufgefüllt und dann der Befehl ausgeführt.

```
>> zip([1,2,3],[1,2,3,4],_power)
        [1, 4, 27]
>> zip([1,2,3],[1,2,3,4],_power,4)
        [1, 4, 27, 256]
```

5.4 Tabellen

Der nächste Datencontainer ist der Datentyp der Tabelle. Seine MuPAD-Bezeichnung ist `DOM_TABLE`. Tabellen bestehen aus Einträgen, die wiederum aus einem Index und einem Wert in der Form `index=wert` bestehen.

Tabellen in MuPAD sind zu dem Zweck konstruiert, größere Datenmengen effizient abzuspeichern. Insbesondere ist der indizierte Zugriff auf die Elemente effizient implementiert. Im Regelfall wird nicht die gesamte Datenmenge durchsucht.

Tabellen können in MuPAD durch `table(idx1=wert1,idx2=wert2,...)` definiert werden. Dabei können sowohl `index` als auch `wert` Objekte von beliebigen Datentypen sein.

Eine andere Möglichkeit ist die Definition über den Bezeichner der Tabelle `tabelle` samt dem Index `index`: `tabelle[index] := wert`. Dabei muss der Bezeichner vorher nicht ein Bezeichner einer Tabelle gewesen sein. MuPAD nimmt im Falle einer Zuweisung ohne vorherige Klassifikation des Bezeichners den Datentyp `DOM_TABLE` an. Damit kann man auch ein Index-Wert-Paar der Tabelle `tabelle` hinzufügen. Eine leere Tabelle wird mit `table()` erzeugt.

Der Zugriff auf das Element mit dem Index `index` in einer Tabelle T erfolgt über `T[index]`. Sollte kein Index `index` vorhanden sein, so erfolgt eine symbolische Rückgabe.

```
>> T := table(a=1,b=20,c=100)
      table(
        c = 100,
        b = 20,
        a = 1
      )
>> T[2] := a: T
      table(
        2 = a,
        c = 100,
        b = 20,
        a = 1
      )
>> T[2], T[3]
      a, T[3]
>> R[1] := 9: R
      table(
        1 = 9
      )
```

Auf Tabellen können viele Befehle, die von Listen bekannt sind, angewandt werden. Allerdings gibt es aufgrund der Index-Wert-Paare einige Unterschiede.

contains(t,idx)[7], angewandt auf eine Tabelle t, prüft das Vorkommen des Indexes idx. Die Auswertung ist ein Wahrheitswert. Es wird also nicht geprüft, ob die Tabelle einen Wert idx enthält. Bei select[8] und split[9] wird die Boolesche Funktion auf die Gleichung index=wert angewendet. map(T,func)[10] nimmt als Argument der Funktion func nur die Werte der Tabelle.

```
>> T := table(1=1,2=3,3=4,4=4,5=6):
>> contains(T,2), contains(T,6)
          TRUE, FALSE
>> split(T,bool)
        --                 table(                   --
        |   table(         5 = 6,                    |
        |       4 = 4,,    3 = 4,,   table()   |
        |       1 = 1      2 = 3                     |
        -- )                   )                     --
>> map(T,_power,2)
          table(
            5 = 36,
            4 = 16,
            3 = 16,
            2 = 9,
            1 = 1
          )
```

5.5 Felder

Der letzte der hier vorgestellten Datencontainer ist das Feld DOM_ARRAY. Felder sind im Prinzip mehrdimensionale Tabellen, allerdings müssen die Indizes kartesische Produkte der entsprechenden Dimension von ganzen Zahlen, also von Objekten vom Datentyp DOM_INT, sein.
Man könnte Matrizen als zweidimensionale Felder auffassen, wobei allerdings keine Matrizenmultiplikation oder -addition definiert sein würde. Dafür gibt es den Matrixdatentyp, der in Kapitel 8 behandelt wird.

Felder werden in MuPAD mittels array(idx1..idx2,idx3..idx4,...) angelegt. idx1..idx2 ist der mögliche Zahlenbereich in der ersten Dimension, idx3..idx4 ist der Zahlenbereich der zweiten Dimension des Feldes. Weitere Dimensionen folgen entsprechend in der Argumentenfolge.

---

[7] vgl. Kapitel 5.2 auf Seite 68.
[8] vgl. Kapitel 5.2 auf Seite 68.
[9] vgl. Kapitel 5.2 auf Seite 70.
[10] vgl. Kapitel 5.2 auf Seite 71.

Angesprochen werden die Einträge, ähnlich wie bei Tabellen, durch den Bezeichner des Feldes `feld` gefolgt von den Indizes `idxa,idxb,...` in den Indexklammern `[]`: `feld[idxa,idxb,...]`. Die Einträge können durch diesen Befehl sowohl initialisiert als auch ersetzt werden. Allerdings muss dabei der Bezeichner schon ein Feld repräsentieren.

```
>> A := array(1..3); A[1] := 1: A
        +-                    -+
        | ?[1], ?[2], ?[3] |
        +-                    -+
        +-                -+
        | 1, ?[2], ?[3] |
        +-                -+
>> B := array(0..3,1..3,4..6)
        array(0..3, 1..3, 4..6)
>> B[0,3,5] := 5: B
        array(0..3, 1..3, 4..6,
           (0, 3, 5) = 5
        )
>> B[0,3,5] := 6: B
        array(0..3, 1..3, 4..6,
           (0, 3, 5) = 6
        )
```

Symbolisches Rechnen und Zahlbereiche

6.1 Manipulation von Ausdrücken

Für viele Anwendungen ist es notwendig, formale Ausdrücke mittels bereits definierter Rechenregeln umzuformen. Oftmals ist man nicht an expliziten Lösungen von Problemen interessiert, sondern versucht sie auf eine möglichst einfache Gestalt zu transformieren. MuPAD bietet viele Möglichkeiten mit formalen Ausdrücken zu rechnen und sie nach bestimmten Regeln zu manipulieren.

Die grundlegendste Operation ist hierbei die Anwendung von elementaren Operationen auf Ausdrücke. Insbesondere kann MuPAD formal Multiplizieren, Addieren, Subtrahieren, Dividieren und Potenzieren.

```
>> a := x+y: b := x-y:
>> a^2, a-a, a+b, a*b, a/b, a*(a-b)
          2                          x + y
   (x + y) , 0, 2 x, (x - y) (x + y), -----,
                                       x - y

   2 y (x + y)
```

MuPAD vereinfacht also automatisch Ausdruck-Ausdruck zu 0 und ebenso Ausdruck+Ausdruck zu 2 Ausdruck.

Eine *sinnvolle* Sortierung und Zusammenfassung von formalen Umformungen ist für die Interpretation von Berechnungen von entscheidender Bedeutung. Auch hängt die Frage, was denn *sinnvoll* ist, von der Problemstellung ab. Deshalb muss dem Programm mitgeteilt werden nach welchen Regeln sortiert werden soll.

Der Befehl collect kann beispielsweise das Zusammenfassen eines arithmetischen Ausdrucks nach festgelegten Unbestimmten erzwingen. Der Aufruf collect(p,x) fasst den Ausdruck p so in Potenzen von x zusammen, dass in keinem Koeffizienten die Unbestimmte x mehr vorkommt.

```
>> p := 3*x^2+2*x^5-4*y*x+18*z:
>> collect(p,x); collect(p,y)
            5        2
     2 x    + 3 x   + (-4 y) x + 18 z
                       5       2
     (-4 x) y + (2 x   + 3 x   + 18 z)
```

Es ist auch möglich mehrere Variablen anzugeben, nach denen zusammengefasst werden soll. Der Befehl collect(p,[x,y]) fasst den Ausdruck p so bezüglich der Potenzen von x und y zusammen, dass weder x noch y als Koeffizienten vorkommen.

```
>> p := 3*x^2+2*x^5-4*y*x+18*z:
>> collect(p,[x,y])
            5       2
     2 x    + 3 x    - 4 x y + 18 z
```

Mit Hilfe der Befehle expand(Ausdruck) und factor(Ausdruck) ist es möglich Ausdrücke auszumultiplizieren, bzw. zu faktorisieren.

```
>> p := expand((x+y)^2)
         2              2
     x    + 2 x y + y
>> factor(p)
            2
     (x + y)
```

Durch den Befehl normal(Ausdruck) kann eine (gekürzte) Hauptnennerdarstellung eines rationalen Ausdrucks erzeugt werden.

```
>> normal(1/(x+1)+1/(y-1))
          x + y
     - ----------------
       x - y - x y + 1
```

Eine weitere Normalform ist die Zerlegung von rationalen Ausdrücken in ihre Partialbruchzerlegung. Dies leistet der Befehl partfrac(Ausdruck,Variable).

```
>> p := (6+2*x+3*x^2)/((x-1)*(x+1)): partfrac(p,x)
         11              7
     --------- - --------- + 3
     2 (x - 1)   2 (x + 1)
```

Mittels des Befehls rewrite(Ausdruck,Target) wird versucht, den Ausdruck derart umzuformen, dass gewisse Funktionen aus dem Ausdruck durch andere Funktionen ausgedrückt werden. Beispielsweise können Sinus und Cosinus immer durch eine Tangensfunktion dargestellt werden (Target=tan).

```
>> rewrite(sin(x)+cos(x),tan)
          / x \                 / x \2
   2 tan| - |          tan| - |  - 1
          \ 2 /                 \ 2 /

   ------------- - -------------
          / x \2                / x \2
     tan| - |  + 1      tan| - |  + 1
          \ 2 /                 \ 2 /
```

Im der nachfolgenden Tabelle beschreiben wir einige der wichtigsten Targets
der Funktion `rewrite`:

TARGET	ANWENDNUNG
`arccos, arccot, arcsin, arctan, cos,` `cosh, cot, coth, exp, sinh, sinhcosh,` `tan, tanh, ln, sin, sincos`	Trigonometrie
`sign, heaviside, piecewise`	Vorzeichenfunktionen
`fact, gamma`	Fakultäts- und Gammafunktion
`diff, D`	Differentialoperatoren

Mit dem Befehl `simplify(Ausdruck)` lassen sich viele weitere Ausdrücke vereinfachen.

```
>> p := sin(x)^2+cos(x)^2+(exp(x)-1)/(exp(x/2)+1):
>> simplify(p)
          / x \
     exp| - |
          \ 2 /
```

Analog dem Befehl `rewrite` kann auch `simplify` ein `Target` verarbeiten. So
kann man mit dem Target `sqrt` Wurzelausdrücke vereinfachen.

```
>> simplify(sqrt(4+2*sqrt(3)),sqrt)
      1/2
     3     + 1
```

Die Targets für die Funktion `simplify` sind die Folgenden:

TARGET	ANWENDNUNG
`cos, sin, exp, ln`	Trigonometrie
`sqrt`	Wurzelausdrücke
`unit`	physikalische Einheiten
`logic, relation`	Logische Ausdrücke und Relationen

Eine weitere Möglichkeit zur Vereinfachung von Ausdrücken bildet die Funktion `Simplify(Ausdruck,Steps)`. Hier lassen sich optional n Vereinfachungs-
stufen des Ausdrucks durchführen. Voreingestellt ist $n = 50$. Je größer n gewählt wird, desto langsamer arbeitet die Funktion allerdings. `Simplify` bietet

darüber hinaus noch einige weitere Möglichkeiten zur Feinjustierung von Vereinfachungen. Näheres entnehme man der Hilfe.

In der nachfolgenden Tabelle fassen wir nochmals die wichtigsten Befehle zur Umformung von Ausdrücken zusammen.

BEFEHL	WIRKUNG
`simplify(Ausdruck,Target)`	Vereinfachung von Ausdrücken
`Simplify(Ausdruck,Steps)`	Vereinfachung von Ausdrücken
`normal(Ausdruck)`	Berechnung einer Normalform
`collect(Ausdruck,Variable(n))`	Zusammenfassung eines polynominalen Ausdrucks anhand der Variablen
`partfrac(Ausdruck,Variable)`	Berechnung der Partialbruchzerlegung
`factor(Ausdruck)`	Faktorisierung von Ausdrücken
`expand(Ausdruck)`	Ausmultiplizieren von Ausdrücken
`rewrite(Ausdruck,Target)`	Umformung eines Ausdrucks bezüglich einer Zielfunktion

6.2 Gleichungen

Gleichungen lassen sich in MuPAD mittels des Befehls `solve()` lösen. Dieser Befehl ist sehr vielseitig einsetzbar. Wir beschreiben im Folgenden einige Möglichkeiten.

6.2.1 Gleichungen mit einer Unbestimmten

Ist eine Gleichung in einer Variablen x gegeben, dann liefert uns der Befehl `solve(Ausdruck=0,x)` die Menge aller komplexwertigen Nullstellen zurück.

```
>> solve(x^2+1=0,x), solve(x^2=0,x)
      {-I, I}, {0}
>> solve(x^2=0,x,Multiple)
      {[0, 2]}
```

Mit der Option `Multiple` können auch Vielfachheiten von Nullstellen berechnet werden. Im obigen Beispiel bedeutet die Ausgabe `{[0, 2]}`, dass 0 eine Nullstelle der Gleichung $x^2 = 0$ mit der Vielfachheit 2 ist. Wird keine Gleichung, sondern nur ein Ausdruck als Argument von `solve` angegeben, dann wird automatisch die Gleichheit mit Null angenommen.

Auch unendliche Nullstellenmengen sind möglich.

```
>> solve(sin(x),x)
      {PI k | k in Z_}
```

Die Nullstellen der Sinusfunktion sind also genau die ganzzahligen Vielfachen von π.

Nach dem Theorem von Abel (vgl. [1] 14.9) gibt es kein allgemeines Verfahren zur Berechnung der Nullstellen eines Polynoms von Grad größer oder gleich fünf. MuPAD ist in solchen Fällen also nicht in der Lage eine exakte Lösung anzugeben. Ist man nur an Näherungen der Lösungen interessiert kann man den Befehl `float` benutzen.

```
>> solve(x^5-x^2-3,x)
                5       2
        RootOf(X1   - X1   - 3, X1)
>> float(solve(x^5-x^2-3,x))
          {1.373391379,
           - 0.9685574507 - 0.8560284721 I,
           - 0.9685574507 + 0.8560284721 I,
           0.2818617614 - 1.108091505 I,
           0.2818617614 + 1.108091505 I}
```

Alternativ kann hier auch der Befehl `numeric::solve` aus der numeric-Bibliothek verwendet werden.

6.2.2 Gleichungen mit mehreren Unbestimmten

Mit dem Befehl `solve` ist es auch möglich mehrere Gleichungen g1,g2,... in mehreren Unbestimmten x1,x2,... aufzulösen. Die Eingabe der Gleichungen und die Eingabe der Unbestimmten erfolgt als Liste, das heißt solve([g1,g2,...],[x1,x2,...]). Wir betrachten im folgenden Beispiel das Gleichungssystem

$$x^2 + y^2 = z \text{ und } z^2 = 3$$

und versuchen die Variable z zu eliminieren.

```
>> solve([x^2+y^2=z,z^2=3],[x,y])
                        1/2     2 1/2
        piecewise({[x = (3     - z ) , y = z],
                1/2     2 1/2
        [x = - (3     - z )   , y = z],
                2     1/2 1/2
        [x = (- z  - 3  )   , y = z],
                  2     1/2 1/2               2
        [x = - (- z  - 3  )   , y = z]} if z   = 3,
                2
        {} if z   <> 3)
```

Die Lösung des Problems führt also zu den von MuPAD gefundenen Fallunterscheidungen bezüglich des Bereichs von z.

6.2.3 Ungleichungen

MuPAD kann mittels des Befehls `solve` auch Ungleichungen lösen. Optional kann man zusätzlich einen Bereich, z.B. die reellen Zahlen, angeben.

```
>> Bereich := solve(x^2<1,x,Domain=Dom::Real)
       (-1, 1)
>> domtype(Bereich)
       Dom::Interval
>> solve([x^2<16,x>=2],x)
       [2, 4)
>> solve(x^2<>2,x)
                    1/2     1/2
       C_ minus {- 2    , 2    }
```

Für die Ungleichungen werden die üblichen Symbole verwendet. Die Bezeichnung `<>` bedeutet $\neq$.

6.2.4 Differentialgleichungen

Mit dem Befehl `ode({Gleichung(en)},{Funktion(en)})` lassen sich Systeme von Differentialgleichungen definieren. Der Befehl erwartet ein System von Differentialgleichungen, die Anfangsbedingungen und die Angabe der aufzufindenden Funktion(en). Der Datentyp von Differentialgleichungen ist `ode` und sie lassen sich ebenfalls mit dem Befehl `solve` lösen.

```
>> eq := ode({y'(x)=y(x),y(0)=1},y(x)):
>> domtype(eq)
       ode
>> solve(eq)
       {exp(x)}
```

6.3 Einschränkungen und Annahmen mit `assume`

Umformungen oder Vereinfachungen für symbolische Bezeichner werden im Allgemeinen nur dann durchgeführt, wenn sie auf der gesamten komplexen Ebene gelten. Deshalb ist es manchmal wünschenswert, den Bereich der Bezeichner einzuschränken. Auch ist es oft sinnvoll, Funktionen wie zum Beispiel `expand`, `simplify`, `limit` oder `solve` mitzuteilen, dass für gewisse Bezeichner Annahmen über ihre Bedeutung gemacht werden sollen. Dies gelingt mit Hilfe von `assume`. Der Befehl `assume` ist sehr flexibel und kann auf viele Arten verwendet werden. Wir geben hier einige typische Beispiele an:

- `assume(Type::Real)` Der Bereich **aller** Bezeichener wird auf $\mathbb{R}$ eingschränkt.[1]

---

[1] Dies ist, wie alle globalen Einstellungen, mit Vorsicht zu verwenden.

- `assume(x,Type::Real)` Der Bereich des Bezeichners x wird auf $\mathbb{R}$ eingeschränkt.
- `assume(x>y)` Der Bezeichner x wird auf den Bereich $\{x \in \mathbb{R} \mid x > y\}$ eingeschränkt und gleichzeitig wird auch der Bezeichner y auf den Bereich $\{y \in \mathbb{R} \mid x > y\}$ eingeschränkt.
- Möchte man für einen Bezeichner mehrere Annahmen machen, so helfen die Optionen `_and` und `_or`.

```
>> assume(q<1), assume(q>-1,_and)
        (-infinity, 1), (-1, 1)
>> sum(q^i,i=0..infinity)
            1
      - -----
        q - 1
```

Ruft man `assume` für einen Bezeichner mehrfach auf, werden die vorhergehenden Annahmen überschrieben.
- Mittels `unassume(x)` werden Annahmen bezüglich des Bezeichners x gelöscht.
- Durch `getprop(x)` können die Annahmen des Typs ermittelt werden.

```
>> getprop(q)
        (-1, 1)
```

Falls eine Variable bereits festgelegt ist, erzeugt `assume` eine Fehlermeldung.

```
>> c:=2: getprop(c)
        2
>> assume(c>0)
Error: illegal assumption [property::setrel]
>> delete c: assume(c,Type::Integer):
>> getprop(c)
        Z_
```

Im Folgenden sehen wir die Nützlichkeit des Befehls `assume` bei der Einschränkung von Funktionen auf bestimmte Intervalle.

```
>> sqrt(x^2)
         2 1/2
      (x )
>> assume(x>0)
      (0, infinity)
>> sqrt(x^2)
        x
```

```
>> delete x: simplify(ln(exp(x)))
        ln(exp(x))
>> assume(x>0):
>> simplify(ln(exp(x)))
        x
```

Im letzten Beispiel bestimmen wir die ganzzahligen Nullstellen eines Polynoms.

```
>> delete x: solve((x-1)*(x+1.5),x)
        {-1.5, 1}
>> assume(x,Type::Integer): solve((x-1)*(x+1.5),x)
        {1}
```

6.4 Einige Grundbereiche

In der folgenden Tabelle geben wir einige Grundbereiche für das Arbeiten mit assume an:

GRUNDBEREICH	ERKLÄRUNG
Type::Real	$\mathbb{R}$
Type::Rational	$\mathbb{Q}$
Type::Integer	$\mathbb{Z}$
Type::PosInt	$\mathbb{Z}_{>0}$
Type::NegInt	$\mathbb{Z}_{<0}$
Type::Prime	Primzahlen
Type::Interval(a,b,T)	$\{x \in T \mid a < x < b\}$, T Grundbereich
Type::Positive	$\mathbb{R}_{>0}$
Type::Negative	$\mathbb{R}_{<0}$
Type::NonZero	$\mathbb{C} \setminus \{0\}$
Type::NegRat	$\mathbb{Q}_{<0}$
Type::PosRat	$\mathbb{Q}_{>0}$
Type::Even	$2\mathbb{Z}$
Type::Odd	$2\mathbb{Z} + 1$

Mit Hilfe von testtype(Objekt,Type) kann die Zugehörigkeit eines Objekts Objekt zu einem Grundbereich abgefragt werden. Rückgabewert ist ein Boolescher Wert.

```
>> testtype(5,Type::Odd)
        TRUE
>> testtype(5,Type::Even)
        FALSE
```

Diese Funktion erweist sich später in Kapitel 10 als äußerst hilfreich, um falsche Eingaben bei selbstgeschriebenen Prozeduren abzufangen.

Differential- und Integralrechnung mit MuPAD

In diesem Kapitel betrachten wir, wie die Grundlagen der Differential- und Integralrechnung in MuPAD übersetzt worden sind. Wir untersuchen, inwieweit MuPAD zur Lösung entsprechender Aufgaben eingesetzt werden kann. Typische Aufgaben sind differenzieren, integrieren, das Berechnen von Grenzwerten oder die Entwicklung von Funktionen in Potenzreihen.
Dabei geben wir die Definitionen der wichtigsten mathematischen Begriffe an. Für eine umfassende Darstellung der mathematischen Theorie verweisen wir aber auf die zahlreichen Lehrbücher zur Analysis wie H. HEUSER [10] oder O. FORSTER [6].

7.1 Folgen

Der wohl grundlegendste Begriff der Analysis ist die Folge. Mit ihrer Hilfe lassen sich Grenzwerte präzise definieren.

Definition 7.1.1 (Folgen).

- *Eine* reelle Zahlenfolge, *oder auch kurz* Folge *genannt, ist eine Abbildung* $a : \mathbb{N} \to \mathbb{R}$.
- *Statt* $a : \mathbb{N} \to \mathbb{R}$ *schreibt man in Anlehnung an die Vektornotation* $(a_n)_n$.
- *Die Zahlen* a_n *heißen* Glieder *der Folge.*
- *Eine* Teilfolge $(a_{n_i})_{n_i \in N}$ *ist eine Abbildung* $a : N \to \mathbb{R}$, *wobei* $N \subseteq \mathbb{N}$ *eine Menge mit unendlich vielen Elementen ist.*

Man kann auch Folgen $\mathbb{N} \to X$ auf beliebigen Mengen X betrachten. Wir beschränken uns aber auf den Fall $X = \mathbb{R}$.

Definition 7.1.2 (Konvergenz von Folgen). *Eine Zahlenfolge* $(a_n)_n$ *ist* konvergent *gegen den* Grenzwert *oder* Limes $a \in \mathbb{R}$, *wenn es zu jedem* $\varepsilon > 0$ *ein* $n_0 \in \mathbb{N}$ *gibt, so dass für alle* $n \geq n_0$ *die Abschätzung* $|a_n - a| < \varepsilon$ *gilt.*

Man schreibt

$$a = \lim_{n \to \infty} a_n.$$

Eine nicht konvergente Folge nennt man divergent.

Bemerkung 7.1.3.

- Konvergiert eine Folge gegen 0, so nennt man sie eine *Nullfolge*.
- Ist $(a_n)_n$ eine Folge und gibt es eine Zahl $N \in \mathbb{N}$ mit $a_n > 0$ für alle $n \geq N$, dann sagen wir $(a_n)_n$ konvergiert gegen *unendlich*, falls $(\frac{1}{a_n})_{n \geq N}$ eine Nullfolge ist.
- Gibt es in $(a_n)_n$ eine konvergente Teilfolge $(a_{n_i})_{n_i}$ mit Grenzwert b, dann heißt b *Häufungspunkt* der Folge $(a_n)_n$. Eine Folge kann mehrere aber auch keinen Häufungspunkt besitzen. Konvergente Folgen haben dagegen genau einen Häufungspunkt.

In MuPAD können Grenzwerte von Zahlenfolgen mit Hilfe des Befehls `limit(a(n),n=infinity)` berechnet werden. Das erste Argument `a(n)` ist dabei ein arithmetischer Ausdruck in der Variablen `n`. Die Bezeichnung `infinity` bezeichnet den MuPAD-Namen für ∞.

```
>> limit(1/(n+1),n=infinity)
      0
>> limit(((n+2)/(n+1))^(n+1),n=infinity)
      exp(1)
```

Hierbei ist `exp(1)` der Wert der Exponentialfunktion an der Stelle 1.

```
>> limit((-1)^n,n=infinity)
      undefined
>> limit(sin(n),n=infinity)
      undefined
```

Die Folgen $(-1)^n$ und $\sin(n)$ haben keinen Grenzwert; MuPAD liefert deshalb `undefined` zurück.

```
>> limit(2,n=infinity)
      2
>> limit(2^n,n=infinity)
      infinity
>> limit((2^n)^(-1),n=infinity)
      0
```

Wir können eine Folge mit MuPAD grafisch darstellen. Hierzu dient der Befehl `Sequence` aus der Bibliothek `plot` (vgl. Kapitel 9). Er liefert ein Grafikobjekt zurück, das mit dem Befehl `plot` dargestellt werden kann (vgl. Abbildung 7.1).

```
>> Graphik := plot::Sequence((-1)^n/n,n=1..20):
>> plot(Graphik)
```

Der Befehl `Sequence` verlangt einen Ausdruck in der Variablen n als Eingabe und einen Bereich für die darzustellenden Punkte.

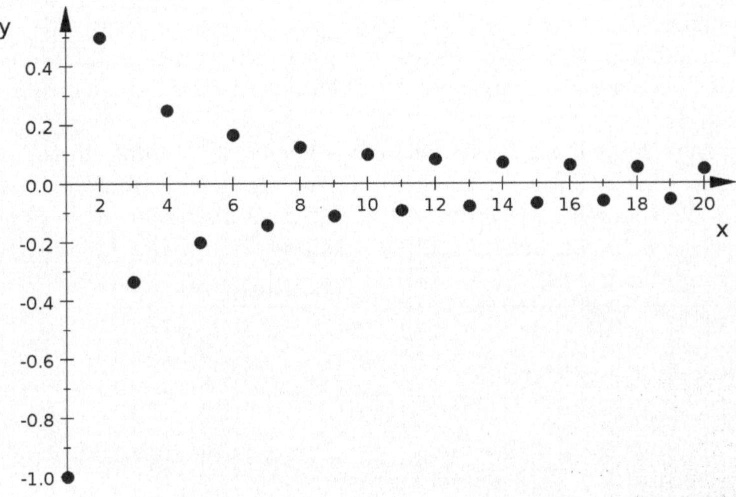

Abb. 7.1. Die Punkte der Folge $\frac{(-1)^n}{n}$.

7.2 Rekursive Folgen

Eine spezielle Art von Folgen sind *rekursive Folgen*. Neue Folgenglieder werden aus den vorherigen Folgengliedern berechnet.
Rekursive Folgen können in MuPAD durch den Befehl `rec` erzeugt werden.

Beispiel 7.2.1. Wir betrachten die rekursiv definierte Folge

$$y_0 = -1, \; y_1 = a, \; y_{n+2} = 2y_{n+1} - y_n + 2.$$

```
>> folge := rec(y(n+2)=2*y(n+1)-y(n)+2,y(n),
 {y(0)=-1,y(1)=a}):
>> Lsg := solve(folge)
           2
        {n  + a n - 1}
```

Der Befehl `rec` erwartet als erstes Argument die Eingabe einer Rekursionsvorschrift. Das zweite Argument ist die Bezeichnung der Folge. Die Inititialisierungswerte werden dann in Mengenklammern angegeben.
Mit Hilfe des Befehls `solve` versucht MuPAD nun einen geschlossenen Ausdruck für die Folgenglieder zu berechnen. Im Beispiel ist die rekursiv definierte Folge gleich der durch $(n^2 + an - 1)_n$ gegebenen Folge. Im Moment funktioniert das Lösen allerdings nur für lineare Rekursionsgleichungen.

MuPAD bietet für das Arbeiten mit rekursiven Folgen allerdings noch mehr Möglichkeiten. In den meisten Fällen bietet es sich an, die ersten Folgenglieder direkt zu berechnen ohne zuvor die geschlossene Darstellung zu berechnen. Am Einfachsten geschieht dies mit dem $-Operator. Das Ziel ist es, die einzelnen Folgenglieder den Bezeichnern y1,y2,y3,y4,... zuzuordnen.

Bei der Zuweisung der Folgenglieder ist zu beachten, dass der $-Operator stärker bindet als der Zuweisungsoperator.[1] Dieses Problem umgeht man mittels Klammerung.

Bei der Berechnung durch die rekursive Vorschrift kommt hinzu, dass der Punktoperator nur einfach auswertet.[2] Ohne die Auswertung der Folgenglieder wird die rekursive Struktur abgebildet, was aber schnell an den Umgebungsvariablen LEVEL und MAXLEVEL scheitern kann. Hier hilft die explizite Auswertung durch eval.

```
>> y.n := n^2+a*n-1 $ n=2..5
      2 a + 3, 3 a + 8, 4 a + 15, 5 a + 24
>> y2; yn
      y2
      2 a + 3, 3 a + 8, 4 a + 15, 5 a + 24
>> MAXLEVEL := 4:
>> y0 := -1: y1 := a:
>> (y.n := 2*y.(n-1)-y.(n-2)+2) $ n=2..5
      2 y1 - y0 + 2, 2 y2 - y1 + 2,
      2 y3 - y2 + 2, 2 y4 - y3 + 2
>> y4
Error: Recursive definition [See ?MAXLEVEL]
>> (y.n := n^2+a*n-1) $ n=2..5
      2 a + 3, 3 a + 8, 4 a + 15, 5 a + 24
>> y3
      3 a + 8
>> y0 := -1: y1 := a:
>> (y.n := 2*eval(y.(n-1))-eval(y.(n-2))+2) $ n=2..5
      2 a + 3, 3 a + 8, 4 a + 15, 5 a + 24
>> y3
      3 a + 8
```

Die ersten beiden Zeilen zeigen die Auswirkung der unterschiedlichen Bindungsstärken. Da der $-Operator stärker als der Zuweisungsoperator bindet, werden die Folgenglieder als Folge dem Bezeichner yn zugewiesen und nicht den Bezeichnern y2,...,y5.

Die Zeilen drei bis fünf zeigen die Auswirkungen der unvollständigen Auswertung durch den Punktoperator. Es werden nicht die vorher berechneten Folgenglieder sondern nur deren Bezeichner genutzt. Dadurch müssen bei der

---

[1] vgl. Bindungsstärkentabelle in Kapitel 3.5.
[2] vgl. Seite 35 in Kapitel 3.4.

Auswertung der Bezeichner alle vorherigen Folgenglieder eingesetzt und ebenfalls ausgewertet werden.

In den letzten vier Zeilen erkennt man in beiden Fällen, dass nun mit den Bezeichnern y2,...,y5 die entsprechenden Folgenglieder angesprochen werden
können.

7.3 Reihen

Reihen sind spezielle Folgen mit denen sich viele weitere interessante Folgen
konstruieren lassen und auf die in vielen Fällen einfache Konvergenzkriterien
anwendbar sind.

Definition 7.3.1. *Sei $(a_n)_n$ eine Folge reeller Zahlen. Eine* (unendliche) *Reihe mit den* Gliedern a_n, *in Zeichen*

$$\sum_{n=1}^{\infty} a_n = a_1 + a_2 + a_3 + \ldots,$$

ist definiert durch die Folge $(s_n)_n$ der Partialsummen

$$s_n = \sum_{k=1}^{n} a_k = a_1 + a_2 + \cdots + a_n.$$

Der Grenzwert s der Folge $(s_n)_n$ wird, wenn er existiert, als Wert *oder* Summe
der Reihe bezeichnet. Man schreibt $s = \sum_{n=1}^{\infty} a_n$.

Bemerkung 7.3.2.

- Beginnt die Indizierung nicht mit 1 sondern mit einer anderen ganzen Zahl
  m, so wird $\sum_{n=m}^{\infty} a_n$ entsprechend eingeführt.
- Bei Abänderung, Weglassen oder Hinzufügen endlich vieler Glieder bleibt
  das Konvergenzverhalten unverändert. Im Allgemeinen wird sich aber der
  Grenzwert verändern.

Der Befehl `sum(f(i),i=a..b)` sucht eine geschlossene Darstellung für die
Summe $\sum_{i=a}^{b} f(i)$. Dabei sind a, b entweder ganze Zahlen oder unendlich
(also `infinity`). Die Eingabe für `f(i)` muss ein Ausdruck in i sein.

```
>> s := sum(i,i=1..n)
        n (n + 1)
        ---------
            2
>> s $ n=1..5
        1, 3, 6, 10, 15
>> n := 100: s
        5050
```

Mit Hilfe einer \$-Schleife können wir die ersten 5 Partialsummen berechnen. Ersetzen wir n durch 100 erhalten wir den Wert der Partialsumme $\sum_{i=1}^{100} i = 5050$.

Die fraglos wichtigste aller Reihen ist die *geometrische Reihe*. Sie ist gegeben durch $\sum_{n=0}^{\infty} q^n$. Die Partialsummen lauten

$$s_n = 1 + q + q^2 + \cdots + q^n = \begin{cases} n+1, & \text{falls } q = 1 \\ \frac{1-q^{n+1}}{1-q}, & \text{falls } q \neq 1 \end{cases}.$$

Also divergiert die Reihe für $|q| \geq 1$ und konvergiert für $|q| < 1$ mit dem Wert $\sum_{i=0}^{\infty} q^i = \frac{1}{1-q}$.

Wir berechnen mit MuPAD zunächst die n-te Partialsumme.

```
>> sum(q^i,i=0..n)
          /                           n                    \
          |                        q q   - 1               |
 piecewise| n + 1 if  q = 1,      ---------  if  q <> 1  |
          \                          q - 1                 /
>> domtype(%)
       piecewise
```

Der Befehl sum liefert hier den Datentyp piecewise zurück. Zur Berechnung der Reihe ersetzen wir nun n durch infinity.

```
>> sum(q^i,i=0..infinity)
          /      1                                              \
 piecewise|  - ----- if |q| < 1, infinity if 1 <= q |
          \    q - 1                                            /
```

Die Konvergenz der Reihe ist also von Parametern abhängig. Dies ist ein typisches Verhalten von Reihen.

Wir geben noch einige Beispiele von Reihen an.

Beispiel 7.3.3.

- Die Reihe $\sum_{i=1}^{\infty} \frac{1}{i^2}$ konvergiert gegen $\pi^2/6$.

```
>> sum(1/i^2,i=1..infinity)
          2
       PI
       ---
        6
```

- Die harmonische Reihe $\sum_{i=1}^{\infty} \frac{1}{i}$ divergiert.

```
>> sum(1/i,i=1..infinity)
       infinity
```

- Die alternierende harmonische Reihe $\sum_{i=1}^{\infty} \frac{(-1)^{i+1}}{i}$ konvergiert.

```
>> sum((-1)^(i+1)/i,i=1..infinity)
        ln(2)
```

- Wir betrachten $\sum_{n=0}^{\infty} n^4 e^{-n^2}$:

```
>> f := n -> n^4*exp(-n*n): g := f(n+1)/f(n):
>> limit(g,n=infinity)
        0
>> sum(n^4*exp(-n^2),n=0..infinity)
        infinity
          ---
          \       4        2
          /      n   exp(- n )
          ---
        n = 0
```

Man sieht, dass die Reihe nach dem Quotientenkriterium konvergiert. Mu-PAD kann allerdings keinen geschlossenen Ausdruck für den Grenzwert finden.

- Wir betrachten $\sum_{n=2}^{\infty} \frac{1}{n(\log n)^2}$:

```
>> f := n -> 1/(n*(ln(n)^2)):
>> g := n -> 2^n*f(2^n): h := n -> 2^n*g(2^n):
>> assume(n>0): simplify(h(n+1)/h(n))
        1/2
>> sum(1/(n*ln(n)^2),n=2..infinity)
        infinity
          ---
          \            1
          /        --------
          ---              2
        n = 2   n ln(n)
```

Hier folgt die Konvergenz wiederum aus dem Quotientenkriterium. Allerdings wird es auf die „doppelt verdichtete" Reihe angewendet. Auch hier kann MuPAD keinen geschlossenen Ausdruck finden.

Mit dem Befehl Sum aus der Bibliothek plot lassen sich die Partialsummen einer Reihe grafisch wiedergeben. Die Syntax des Befehls ist analog zu der des sum-Befehls, allerdings gibt der Befehl nun ein Grafikobjekt zurück.

```
>> graph_harm := plot::Sum(1/i,i=1..20,
 Legend="Harmonische Reihe",Color=RGB::Green):
>> graph_log := plot::Function2d(ln(x),x=0..20,
 Legend="log(x)",Color=RGB::Red):
>> plot(graph_log,graph_harm)
```

In der folgenden Grafik vergleichen wir das Wachstumsverhalten der Logarithmusfunktion mit dem Wachstumsverhalten der Partialsummen der harmonischen Reihe.

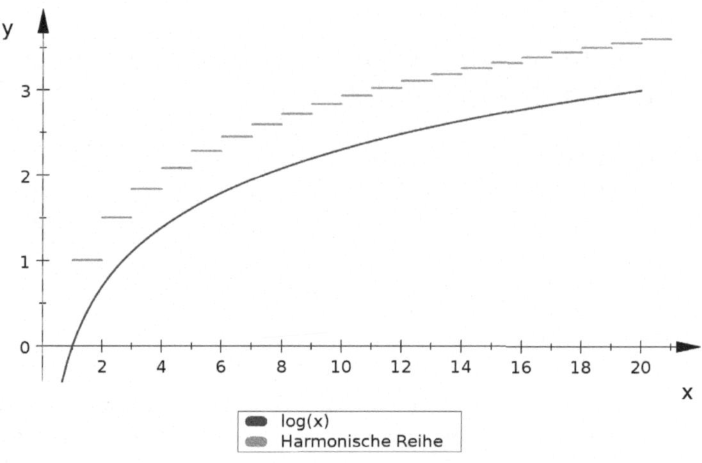

Abb. 7.2. Partialsummen der harmonischen Reihe im Vergleich zur Logarithmusfunktion.

7.4 Potenzreihen

Eine spezielle Form von Reihen sind Potenzreihen. Man kann Potenzreihen als Verallgemeinerung von Polynomen ansehen.

Definition 7.4.1. *Eine* Potenzreihe *ist eine Reihe der Form*

$$\sum_{n=0}^{\infty} a_n (x - x_0)^n$$

mit Entwicklungspunkt $x_0 \in \mathbb{R}$.

Bemerkung 7.4.2.

- Es gibt eine Zahl $\rho \in \mathbb{R}_{\geq 0} \cup \{\infty\}$, so dass die Reihe für alle $-\rho < x < \rho$ konvergiert und für alle $|x| > \rho$ divergiert. Die Zahl ρ heißt *Konvergenzradius*.

- Wir können den Konvergenzradius mit Hilfe des Wurzelkriteriums bestimmen. Es gilt

$$\rho = \frac{1}{\limsup_{n \to \infty} \sqrt[n]{|a_n|}}.$$

Der lim sup (Limes Superior) bezeichnet den größten Häufungspunkt (inklusive $\pm\infty$) einer Folge.

- Ist $a_n \neq 0$ für alle n, dann kann der Konvergenzradius auch mittels der aus der Quotientenregel abgeleiteten Formel

$$\rho = \limsup_{n \to \infty} \frac{|a_n|}{|a_{n+1}|}$$

  berechnet werden.
- Potenzreihen konvergieren innerhalb ihres Konvergenzradius absolut.
- Die Konvergenz auf dem *Rand*, also an den Stellen $x_0 - \rho$ und $x_0 + \rho$ muss bei jeder Reihe individuell geprüft werden.

Wir berechnen den Konvergenzradius von Potenzreihen in MuPAD mit Hilfe der obigen Formeln. Hierzu definieren wir die Koeffizienten der Potenzreihe als Funktion und berechnen den Konvergenzradius mit Hilfe des limit-Befehls.

- $\sum_{n=1}^{\infty} \frac{x^n}{n!}$

```
>> a := n -> 1/(n!):
>> rho := limit(a(n)/a(n+1),n=infinity)
         infinity
```

Der Konvergenzradius ist unendlich und die Potenzreihe konvergiert für alle $x \in \mathbb{R}$.
- $\sum_{n=0}^{\infty} n^s x^n$ für $s > 0$

```
>> assume(s>0):
>> a := n -> n^s:
>> rho := limit(a(n)^(1/n),n=infinity)
         1
```

Der Konvergenzradius ist 1 und die Potenzreihe konvergiert für alle $-1 < x < 1$.
- $\sum_{n=1}^{\infty} \frac{(-1)^{n+1}}{n} (x-1)^n$

```
>> a := n -> (-1)^(n+1)/n:
>> rho := limit(a(n)^(1/n),n=infinity)
         1
```

Der Konvergenzradius ist 1. Wir berechnen noch den Wert der Potenzreihe auf den Randpunkten $\{0, 2\}$ des Konvergenzintervalls.

```
>> x := 0:
>> sum(a(n)*(x-1)^n,n=1..infinity)
         -infinity
>> x := 2:
>> sum(a(n)*(x-1)^n,n=1..infinity)
         ln(2)
```

Die Potenzreihe konvergiert also an der Stelle $x = 2$ und divergiert an der Stelle $x = 0$.

7.5 Funktionen

Definition 7.5.1. *Sei $\emptyset \neq D \subseteq \mathbb{R}$ eine nichtleere Teilmenge. Eine* Funktion *ist eine Vorschrift f, die jedem $x \in D$ in eindeutiger Weise eine reelle Zahl $f(x)$, den* Wert von x, *zuordnet. Man schreibt $f : D \to \mathbb{R}$. Man nennt die Menge D den* Definitionsbereich *von f.*

Dieses ist die Definition, die man in dieser Form häufig in Grundvorlesungen der Analysis findet. Wir wollen im Folgenden bei Bedarf den Begriff der Funktion aber weiter fassen: Die Begriffe Funktionen und Abbildungen werden synonym verwendet.

Bemerkung 7.5.2. Die Menge $f(D)$ ist die Menge aller reellen Zahlen, die als Werte der Funktion vorkommen. Sie heißt *Wertebereich*. Der *Graph* einer Funktion ist die Menge aller Punkte $(x, f(x)) \subset \mathbb{R}^2$ mit $x \in D$.

7.5.1 Verknüpfungen von Funktionen

Aus gegebenen Funktionen lassen sich mit Hilfe elementarer Operationen neue Funktionen konstruieren.

Seien f und g Funktionen mit einem gemeinsamen Definitionsbereich D. Dann definiert man:

- $f + g$ (Summe): $(f + g)(x) := f(x) + g(x)$
- $f - g$ (Differenz): $(f - g)(x) := f(x) - g(x)$
- fg (Produkt): $(f \cdot g)(x) := f(x) \cdot g(x)$
- $\frac{f}{g}$ (Quotient): $(\frac{f}{g})(x) := \frac{f(x)}{g(x)}$, falls $g(x) \neq 0$ für alle $x \in D$.

Bei der Quotientenbildung zweier Funktionen wird der Definitionsbereich also im Allgemeinen kleiner.

Ein weiteres Konstruktionsprinzip ist die Hintereinanderausführung zweier Funktionen. Sind $f : D_f \to \mathbb{R}$ und $g : D_g \to \mathbb{R}$ zwei Funktionen und gilt $f(D_f) \subseteq D_g$, so ist die Komposition $g \circ f$ definiert durch $(g \circ f)(x) := g(f(x))$.

7.5.2 Funktionen in MuPAD

Funktionen in MuPAD können durch den *Abbildungsoperator* -> definiert werden, mit dessen Hilfe kleine Prozeduren definiert werden können. Einer Anzahl formaler Variablen wird ein arithmetischer Ausdruck in diesen Variablen zugeordnet. Werden mehrere Variablen verwendet, müssen diese in Klammern gesetzt werden (vgl. Abschnitt 4.3).

```
>> f := x -> x^2
      x -> x^2
>> g := (x,y) -> x^2+y^2
      (x, y) -> x^2 + y^2
```

Für x und y können nun beliebige Ausdrücke in die Funktionen f und g
eingesetzt werden.

```
>> g(a,b+1), g(2,3), f(2+a)
        2             2              2
     a  + (b + 1) , 13, (a + 2)
```

Wie oben beschrieben, können Abbildungen addiert, subtrahiert, multipliziert
und dividiert werden.

```
>>   f := x -> 1/(1+x): g := x -> sin(x^2):
>>   h := f+g: k := f*g: l := f/g:
>>   h(a), k(a), l(a)
                                 2
            2        1      sin(a )              1
         sin(a ) + -----, -------, ----------------
                    a + 1   a + 1           2
                                         sin(a ) (a + 1)
```

Eine Komposition von Abbildungen $f \circ g$ wird in MuPAD durch den Operator
@ realisiert.

```
>> fg := f@g: gf := g@f:
>> fg(a), gf(a)
             1              /   1     \
        -----------, sin|  -------- |
             2          |        2 |
         sin(a ) + 1     \ (a + 1) /
```

Mehrfaches Hintereinanderschalten einer Funktion $f \circ \cdots \circ f$ kann durch den
Operator @@n definiert werden, wobei n für die Anzahl der Hintereinanderaus-
führungen steht.

```
>> g4 := g@@4: g4(a)
                      2 2 2 2
        sin(sin(sin(sin(a ) ) ) )
```

Das Hintereinanderschalten von Funktionen funktioniert auch mit Systemfunktionen.

```
>> h := abs@sin:
>> h(-PI/2)
        1
```

Hierbei ist abs der Absolutbetrag und sin die Sinusfunktion. Diese Funktionen sind in MuPAD bereits vordefiniert.

Funktionen haben den Datentyp `DOM_PROC`.

```
>> f := x -> x^2:
>> domtype(f)
        DOM_PROC
```

Funktionen werden von MuPAD als einfache Programme aufgefasst. Eine alternative Definition der Funktion f wäre:

```
>> f := proc(x)
 begin
  x^2
 end_proc:
```

Für kompliziertere Funktionen kann diese Notation verwendet werden. Prozeduren werden in Kapitel 10 ausführlich erläutert.

Am Ende dieses Abschnitts möchten wir auf eine Besonderheit eingehen. Eine typische Anwendung ist die Definition einer Schar von Funktionen. Wir versuchen die folgende Eingabe:

```
>> (f.n := x -> x^n)  $ n=1..10:
>> f1; f3
        x -> x^n
        x -> x^n
```

Wir sehen, dass auf der rechten Seite der Zuweisung das n nicht durch die jeweilige Zahl ersetzt wird. Der Operator `x -> f(x)` ist in MuPAD so programmiert, dass zum Zeitpunkt der Zuweisung keine Ersetzungen für $f(x)$ durchgeführt werden, man kann sie auch nicht durch `eval()` erzwingen.

Möchte man, dass alle bekannten Informationen eingesetzt werden, sollte man den Operator `-->` verwenden. Dieser erzwingt die Auswertung. Das obige Beispiel ergibt nun das erwünschte Resultat:

```
>> (f.n := x --> x^n) $ n=1..10:
>> f1; f3
        x -> x
        x -> x^3
```

7.6 Grenzwerte von Funktionen

Sei f eine Funktion mit Definitionsbereich D und sei $a \in D$. Die Funktion f strebt für $x \to a$ gegen den *Grenzwert* $b \in \mathbb{R}$, wenn es zu jedem $\varepsilon > 0$ ein $\delta > 0$ gibt, so dass für alle $x \in D \setminus \{a\}$ mit $|x - a| < \delta$ gilt $|f(x) - b| < \varepsilon$.
Nützlich ist es auch $\pm\infty$ als Grenzwert zu definieren:
Die Funktion f strebt für $x \to a$ gegen ∞, wenn es zu jedem $N \in \mathbb{N}$ ein $\delta > 0$ gibt, so dass für alle $x \in D \setminus \{a\}$ mit $|x - a| < \delta$ gilt $f(x) > N$.

Diese Definition überträgt sich analog auf $-\infty$.

Der Grenzwert b ist, wenn er existiert, eindeutig bestimmt, und man schreibt

$$\lim_{x \to a} f(x) = b \text{ oder } f(x) \to b \text{ für } x \to a.$$

Grenzwerte von Funktionen können in MuPAD mit dem Befehl `limit` gebildet werden. Da der Befehl `limit` einen Ausdruck erwartet, muss die Funktion durch Einsetzen einer Variablen in einen Ausdruck umgewandelt werden. Die Syntax zur Berechnung des Grenzwerts einer Funktion f an der Stelle a lautet `limit(f(x),x=a,Option)`. Hierdurch wird der Grenzwert eines Ausdrucks mit der Variablen x an der Stelle a bestimmt. Hierbei kann a auch $\pm\infty$ (in MuPAD `infinity`) sein.

Ruft man `limit` ohne Option auf, so wird der beidseitige Limes berechnet. Der Aufruf mit der Option `Option=Left` berechnet den linksseitigen Limes; den rechtsseitige Limes erhält man durch `Option=Right`.

```
>> f := x -> 1/x:
>> limit(f(x),x=0,Left), limit(f(x),x=0,Right)
        -infinity, infinity
```

Im ersten Fall berechnen wir also den linksseitigen, im zweiten Fall den rechtsseitigen Grenzwert. Da diese beiden nicht übereinstimmen, ist der Grenzwert nicht definiert.

Beispiel 7.6.1.

- Bestimmung des Grenzwerts $\lim_{x \to 0} \frac{\sin(x)}{x}$.

```
>> limit(sin(x)/x,x=0)
        1
```

- Bestimmung des Grenzwerts $\lim_{x \to \infty} \frac{\log(x)}{x}$.

```
>> limit(ln(x)/x,x=infinity)
        0
```

- Bestimmung des Grenzwerts $\lim_{x \to \infty} \sqrt[x]{x}$.

```
>> limit(x^(1/x),x=infinity)
        1
```

- Bestimmung des Grenzwerts $\lim_{x \to 0} \sin(1/x)$.

```
>> limit(sin(1/x),x=0)
        undefined
```

Der Grenzwert existiert also nicht.

7.7 Stetige Funktionen

Definition 7.7.1. *Eine Funktion $f : D \to \mathbb{R}$ heißt* stetig an der Stelle $x_0 \in D$, *wenn es zu jedem $\varepsilon > 0$ ein $\delta > 0$ gibt, so dass für alle $x \in D$ mit $|x - x_0| < \delta$ gilt $|f(x) - f(x_0)| < \varepsilon$.*
Man sagt, dass f stetig (auf D) ist, wenn f an jeder Stelle $x_0 \in D$ stetig ist.

Bemerkung 7.7.2.

- Stetigkeit ist mit den elementaren Operationen für Funktionen verträglich. Sind f und g an x_0 stetig, so ist auch $f+g$, $f-g$, $f \cdot g$ und $\frac{f}{g}$ (falls $g(x_0) \neq 0$ gilt) an x_0 stetig.
- (Folgenkriterium) Sei $f : I \to \mathbb{R}$ auf einem offenen Intervall I definiert. Die Funktion f ist an $x_0 \in I$ genau dann stetig, wenn gilt

$$\lim_{x \to x_0} f(x) = f(x_0).$$

- Für $f : I \to \mathbb{R}$ und $g : J \to \mathbb{R}$ gelte $f(I) \subseteq J$, und es seien f an $x_0 \in I$ und g an $y_0 = f(x_0)$ stetig. Dann ist die Komposition $g \circ f$ an x_0 stetig.
- Eine Funktion $f : D \to \mathbb{R}$ ist *linksstetig* bzw. *rechtsstetig*, wenn $f|_{D \cap (-\infty, x_0]}$ bzw. $f|_{D \cap [x_0, \infty)}$ an x_0 stetig ist. Eine Funktion f ist an x_0 stetig, genau dann wenn f links- und rechtsstetig an x_0 ist.

Mit Hilfe des Folgenkriteriums können wir die Stetigkeit einer Funktion an einer Stelle $x = a$ mit Hilfe des `limit`-Befehls prüfen. Dabei wird der Grenzwert auf der Menge der reellen Zahlen berechnet.
Unstetigkeitsstellen oder Definitionslücken von Funktionen können mittels des Befehls `discont` aufgespürt werden. Der Befehl erwartet einen arithmetischen Ausdruck und die Variable des Ausdrucks. Zusätzlich kann auch noch ein Bereich für die Variable, zum Beispiel `Dom::Real`, angegeben werden.
Wir untersuchen die Funktionen $x \sin(1/x)$, $\exp(x)$ und $\tan(x)$ auf Unstetigkeitsstellen.

```
>> discont(x*sin(1/x),x)
        {0}
>> limit(x*sin(1/x),x=0)
        0
>> discont(exp(x),x)
        {}
>> discont(tan(x),x)
        {PI (k + 1/2) | k in Z_}
>> discont(tan(x),x=0..PI)
        { PI }
        { -- }
        {  2 }
```

Die Funktion $x \sin(1/x)$ ist im Nullpunkt als reelle Funktion stetig fortsetzbar, als komplexe Funktion dagegen nicht stetig fortsetzbar.
Hier noch ein Beispiel für komplexe Unstetigkeitsstellen.

```
>> discont(ln(x),x)
        (-infinity, 0]
>> discont(ln(x),x,Dom::Real)
        {0}
```

Die Logarithmusfunktion ist also auf der negativen reellen Achse unstetig.

7.8 Spezielle Funktionen

In MuPAD gibt es eine ganze Reihe von vordefinierten Funktionen. Die Namen dieser Funktionen sind geschützt und können deshalb nicht als Variablen verwendet werden (vgl. Abschnitt 3.2).

```
>> exp := 2
Error: Identifier 'exp' is protected [_assign]
```

7.8.1 Exponential- und Logarithmusfunktion

Wir erklären die *Exponentialfunktion* durch

$$\exp(x) := \sum_{i=0}^{\infty} \frac{x^n}{n!} = 1 + \frac{x}{1!} + \frac{x^2}{2!} + \frac{x^3}{3!} + \cdots \quad , x \in \mathbb{R}.$$

In MuPAD ist die Funktion durch den Bezeichner exp vordefiniert.

```
>> plotfunc2d(exp(x),x=-5..5)
```

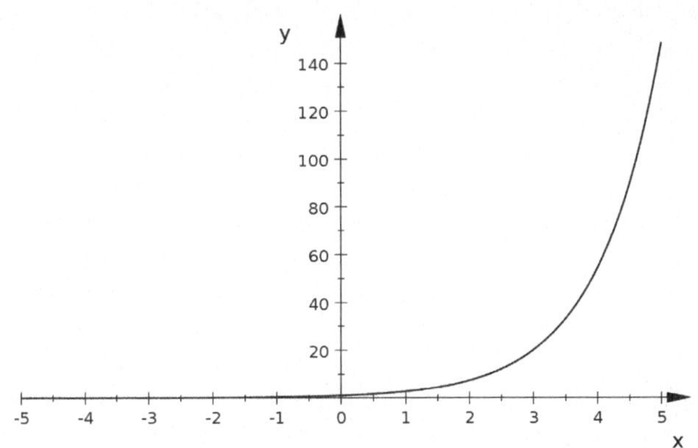

Abb. 7.3. Der Graph der Exponentialfunktion.

Bemerkung 7.8.1 (Eigenschaften der Exponentialfunktion).

- $\exp(x+y) = \exp(x) \cdot \exp(y)$.
- $\exp(x) = \lim_{n \to \infty}(1 + \frac{x}{n})^n$.
- $\exp(x) = 1/\exp(-x)$.

Die Umkehrfunktion auf $\mathbb{R}_{>0}$ der Exponentialfunktion ist die Logarithmusfunktion[3] $\log(x)$. Es gilt

$$\exp(\log(x)) = x,\ x > 0 \quad \text{und} \quad \log(\exp(x)) = x,\ x \in \mathbb{R}.$$

In MuPAD wird die Logarithmusfunktion mit ln bezeichnet.

```
>> sum(x^n/n!,n=0..infinity)
        exp(x)
>> exp(ln(x))
        x
>> plotfunc2d(ln(x),x=0..10)
```

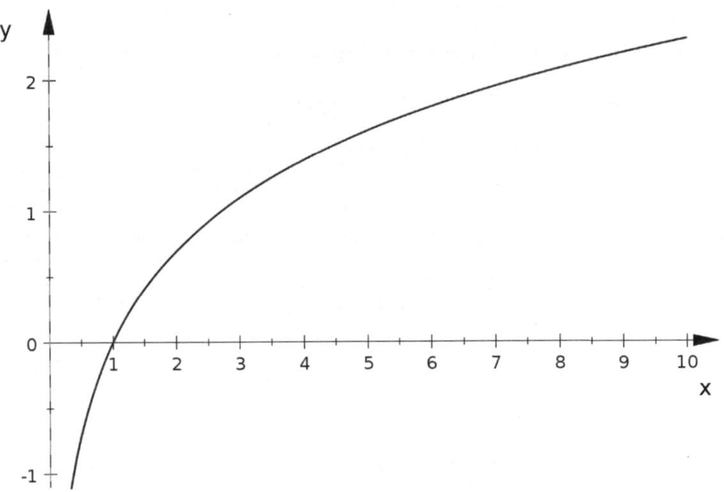

Abb. 7.4. Der Graph der Logarithmusfunktion.

Die Zahl $e := \exp(1)$ ist in MuPAD als Konstante festgelegt und wird mit E bezeichnet.

```
>> float(E)
        2.718281828
```

---

[3] Die Logarithmusfunktion log wird oft auch mit ln bezeichnet.

7.8.2 Trigonometrische Funktionen

Die *Sinusfunktion* und die *Cosinusfunktion* sind definiert durch

$$\sin(x) := \sum_{n=0}^{\infty} (-1)^n \frac{x^{2n+1}}{(2n+1)!},$$

$$\cos(x) := \sum_{n=0}^{\infty} (-1)^n \frac{x^{2n}}{(2n)!}.$$

Die Potenzreihen konvergieren für alle $x \in \mathbb{R}$. In MuPAD werden die Funktionen mit sin bzw. cos bezeichnet.

```
>> plotfunc2d(sin(x),cos(x),x=-2*PI..2*PI)
```

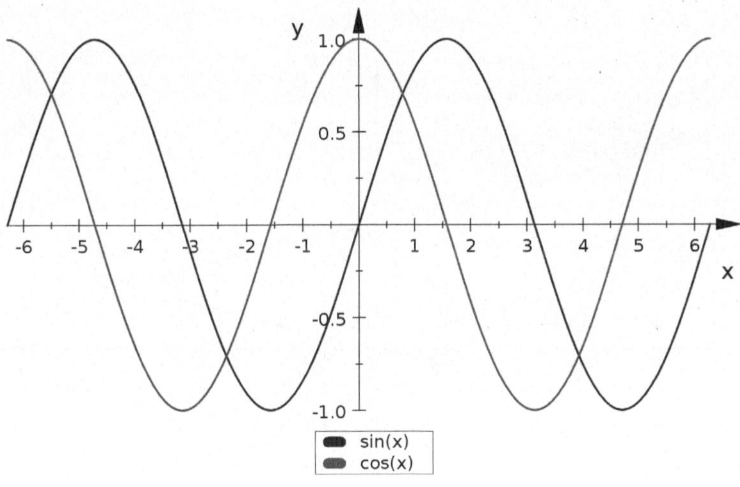

Abb. 7.5. Der Graph der Sinus- und Cosinusfunktion.

Bemerkung 7.8.2 (Eigenschaften der Trigonometrischen Funktionen).

- Es gelten die Additionstheoreme:

$$\sin(x+y) = \sin x \cos y + \cos x \sin y, \quad \cos(x+y) = \cos x \cos y - \sin x \sin y.$$

- Es gilt: $\sin^2 x + \cos^2 x = 1$.
- Wir definieren π, indem wir die kleinste positive Nullstelle von $\cos(x)$ als $\pi/2$ definieren. In MuPAD wird die Zahl π mit PI bezeichnet.
- Es gilt: $\sin(x + \pi/2) = \cos(x)$, $\cos(x + \pi/2) = -\sin(x)$.

Wir berechnen mit MuPAD die Nullstellen des Cosinus.

```
>> solve(cos(x)=0,x)
        { PI             |            }
        { -- + PI k | k in Z_ }
        {  2             |            }
>> assume(0<x<2):
>> solve(cos(x)=0,x)
        { PI }
        { -- }
        {  2 }
```

Die Umkehrfunktionen von Sinus und Cosinus werden mit Arcussinus- und Arcuscosinusfunktion bezeichnet. In MuPAD: `arcsin` und `arccos`.

```
>> plotfunc2d(arcsin(x),arccos(x),x=-1..1)
```

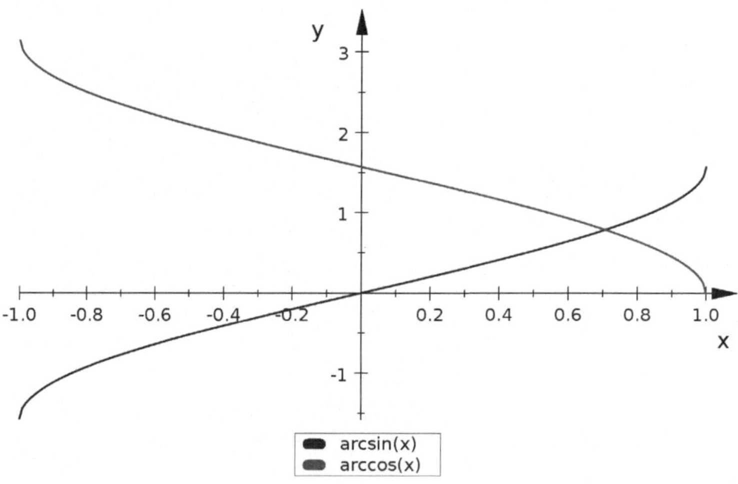

Abb. 7.6. Der Graph der Arcussinus- und Arcuscosinusfunktion.

Die *Tangensfunktion* ist definiert durch $\tan(x) := \frac{\sin(x)}{\cos(x)}$. In MuPAD wird sie mit `tan` bezeichnet.

```
>> plotfunc2d(tan(x),x=-4..4)
```

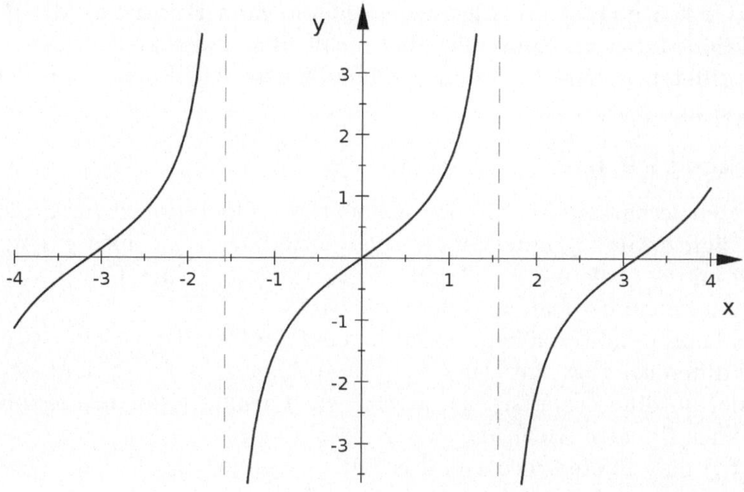

Abb. 7.7. Der Graph der Tangensfunktion.

7.9 Differenzierbarkeit

Definition 7.9.1 (Differentialquotient). *Eine Funktion $f : D \to \mathbb{R}$ heißt* differenzierbar *an der Stelle $x_0 \in D$, wenn*

$$\lim_{x \to x_0} \frac{f(x) - f(x_0)}{x - x_0}$$

existiert. Der Grenzwert wird Ableitung *oder* Differentialquotient *von f an der Stelle x_0 genannt und mit $f'(x_0)$ bezeichnet.*
Man sagt, dass f auf D differenzierbar ist, wenn f an jeder Stelle von D differenzierbar ist. Die so auf D erklärte Funktion f' heißt Ableitung *von f.*

Will man den Begriff der Differenzierbarkeit auf mehrere Veränderliche verallgemeinern, dann ist folgende Definition nützlich:

Definition 7.9.2 (Alternative Definition von Differenzierbarkeit). *Eine Funktion $f : D \to \mathbb{R}$ ist an $x_0 \in D$ genau dann differenzierbar, wenn es eine lineare Abbildung $T : \mathbb{R} \to \mathbb{R}$ gibt, so dass*

$$f(x_0 + h) = f(x_0) + Th + R(h)h, \quad \lim_{h \to 0} R(h) = 0$$

gilt.

Bemerkung 7.9.3.

- Ist f an $x_0 \in D$ differenzierbar, so ist sie dort auch stetig.

- Die Umkehrung ist im Allgemeinen falsch. Zum Beispiel ist die Betragsfunktion stetig, im Nullpunkt aber nicht differenzierbar.
- Für differenzierbare Funktionen ist die lineare Abbildung T die Multiplikation mit $f'(x_0)$.

Bemerkung 7.9.4.

- Differenzierbarkeit ist mit den elementaren Operationen für Funktionen verträglich: Sind f und g an x_0 differenzierbar, so ist auch $f + g$, $f - g$, $f \cdot g$ und $\frac{f}{g}$ (falls $g(x_0) \neq 0$ gilt) an x_0 differenzierbar. Gilt $f(x_0) \subseteq D_g$, dann ist auch $g \circ f$ an x_0 differenzierbar.
- Man kann induktiv höhere Ableitungen definieren. Ist $f : D \to \mathbb{R}$ $(n-1)$-mal differenzierbar mit der $(n-1)$-ten Ableitung $f^{(n-1)}$ und ist $f^{(n-1)}$ wiederum differenzierbar, so nennen wir f n-*mal differenzierbar* und bezeichnen die n-te Ableitung durch $f^{(n)}$.
- Ist f n-mal differenzierbar und ist die n-te Ableitung $f^{(n)}$ stetig, so heißt f n-mal *stetig differenzierbar*.
- Die Funktion f heißt *unendlich oft differenzierbar*, wenn f n-mal differenzierbar ist für alle $n \in \mathbb{N}$.

Durch den MuPAD-Befehl `diff(Ausdruck,x)` wird ein Ausdruck Ausdruck nach x abgeleitet.

```
>> diff(sin(x),x)
       cos(x)
>> diff(x^x,x)
         x - 1      x
     x x        + x  ln(x)
```

Mit Hilfe des $-Operators können n-fache Ableitungen berechnet werden. Der Befehl hierfür lautet `diff(Ausdruck,x $ n)`. Durch die Anwendung des Befehls `diff(Ausdruck,x1,x2,x3,...)` wird die Ableitung von Ausdruck bezüglich der Unbekannten x1 berechnet. Dann wird der entstandene Ausdruck nach x2 differenziert, und so fort. Rückgabewert ist ein Ausdruck.

```
>> diff(x^2*y^2+a,x,y)
       4 x y
>> diff(1/x,x $ 10)
       3628800
       -------
          11
         x
>> diff(f(x)/g(x),x)
       diff(f(x), x)     f(x) diff(g(x), x)
       ------------- - ------------------
           g(x)                  2
                              g(x)
```

Im zweiten Beispiel verrät uns MuPAD also die Quotientenregel. Sind mathematische Abbildungen nicht als Ausdrücke sondern als Funktionen f realisiert, so können sie durch den Befehl `D([i],f)` nach der i-ten Variablen differenziert werden. Rückgabewert ist eine Funktion.

Der Befehl `D([i,j,..],f)` steht für `D(..D([j],D([i],f))..)` und die Kurzschreibweise für `D([1],f)` lautet `f'` oder `D(f)`, falls f eine Funktion bezüglich einer Unbekannten ist.

Beispiel 7.9.5.

```
>> f := x -> ln(cos(x)):
>> D(f); f'; D([1],f); f''; D([1,1],f)
           x -> -1/cos(x)*sin(x)
           x -> -1/cos(x)*sin(x)
           x -> -1/cos(x)*sin(x)
           x -> - 1/cos(x)^2*sin(x)^2 - 1
           x -> - 1/cos(x)^2*sin(x)^2 - 1
>> g := (x,y) -> sin(x^2+y^2):
>> D([1,1,2],g)
           (x, y) -> - 4*y*sin(x^2 + y^2)
               - 8*x^2*y*cos(x^2 + y^2)
```

Im letzten Beispiel wird also die partielle Ableitung $\frac{\partial^3}{\partial x \partial x \partial y} g(x,y)$ berechnet.

7.10 Die Regel von L'Hospital

Als äußerst nützlich bei der Berechnung von Grenzwerten erweist sich der folgende Satz:

Satz 7.10.1 (Regel von L'Hospital). *Sei $I = (a,b)$ ein offenes Intervall mit $-\infty \leq a < b \leq +\infty$. Seien $f,g : I \to \mathbb{R}$ differenzierbare Funktionen. Sei $g'(x) \neq 0$ für alle $x \in I$ und es gelte $\lim_{x \to b} f(x) = \lim_{x \to b} g(x) = 0$ oder $\lim_{x \to b} g(x) = \pm\infty$. Dann gilt*

$$\lim_{x \to b} \frac{f(x)}{g(x)} = \lim_{x \to b} \frac{f'(x)}{g'(x)},$$

falls der Limes auf der rechten Seite existiert. Analog gilt die Aussage für $x \to a$.

Manchmal ist es nötig die Regel von L'Hospital mehrfach anzuwenden um eine Berechnung des Grenzwerts zu ermöglichen.

Beispiel 7.10.2. Wir bestimmen in den Beispielen den Grenzwert mit und ohne Hilfe des Satzes von L'Hospital.

- Bestimmung von $\lim_{x \to \infty} \frac{\log(x)}{x^a}$, $a > 0$.

```
>> f := x -> ln(x): g := x -> x^a:
>> assume(a>0):
>> limit(diff(f(x),x)/diff(g(x),x),x=infinity)
          0
>> limit(f(x)/g(x),x=infinity)
          0
```

- Bestimmung von $\lim_{x \to 0} \frac{1-\cos(x/2)}{1-\cos(x)}$ durch zweifaches Anwenden der Regel von L'Hospital.

```
>> f := x -> 1-cos(x/2): g := x -> 1-cos(x):
>> limit(f(x)/g(x),x=0)
          1/4
>> limit(diff(f(x),x,x)/diff(g(x),x,x),x=0)
          1/4
```

7.11 Taylorsche Formel und Taylorsche Reihe

Viele wichtige Funktionen lassen sich mit Hilfe der Taylorschen Formel in eine Potenzreihe entwickeln.

Definition 7.11.1 (Taylorsche Formel). *Sei $f : I \to \mathbb{R}$ eine $(n+1)$-mal differenzierbare Funktion und seien $x, x_0 \in I$, $x \neq x_0$. Dann gibt es ein $\xi \in \mathbb{R}$, so dass*

$$f(x) = f(x_0) + \frac{f'(x_0)}{1!}(x - x_0) + \frac{f''(x_0)}{2!}(x - x_0)^2$$
$$+ \cdots + \frac{f^{(n)}(x_0)}{n!}(x - x_0)^n + R_n(x, x_0)$$

gilt, mit dem Lagrangeschen Restglied

$$R_n(x, x_0) := \frac{f^{(n+1)}(\xi)}{(n+1)!}(x - x_0)^{n+1}.$$

Die Taylorsche Formel approximiert also eine $(n+1)$-mal differenzierbare Funktion in der Nähe von x_0 durch ein Polynom von Grad n. Der Fehler wird dabei durch das Restglied beschrieben.

Bemerkung 7.11.2. Für das Restglied gibt es noch andere Darstellungen:

- Darstellung von Cauchy $R_n(x, x_0) = \frac{f^{(n+1)}(\xi)}{n!}(x - \xi)^n (x - x_0)$,
- Integraldarstellung $R_n(x, x_0) = \int_{x_0}^{x} \frac{f^{(n+1)}(t)}{n!}(x - t)^n dt$.

Ist die Funktion f im Punkt x_0 unendlich oft differenzierbar, erhält man durch den obigen Prozess eine Potenzreihe.

Definition 7.11.3 (Taylorsche Reihe). *Sei* $f : I \to \mathbb{R}$ *eine unendlich oft differenzierbare Funktion und seien* $x, x_0 \in I$, $x \neq x_0$. *Dann nennt man die Reihe*

$$\sum_{n=0}^{\infty} \frac{f^{(n)}(x_0)}{n!}(x - x_0)^n$$

die Taylorreihe *von* $f(x)$ *um den* Entwicklungspunkt x_0.

Offenbar stellt die Taylorreihe genau dann den Funktionswert $f(x)$ dar, wenn das Restglied $R_n(x, x_0)$ für $n \to \infty$ gegen 0 geht. Gilt dies für alle x in einer Umgebung von x_0, dann sagen wir die Funktion f ist um den Punkt x_0 in eine Potenzreihe entwickelbar oder ein wenig vornehmer, die Funktion f ist *lokal analytisch.*

Beispiel 7.11.4 (Taylorsche Reihen einiger Funktionen).

- Für $f(x) = \exp(x)$ und $x_0 \in \mathbb{R}$ gilt

$$\exp(x) = \sum_{n=0}^{\infty} \frac{\exp(x_0)}{n!}(x - x_0)^n, \quad x \in \mathbb{R}.$$

- Für $f(x) = \log(x)$ und $x_0 = 1$ gilt

$$\log(x) = \sum_{n=1}^{\infty} \frac{(-1)^{n-1}}{n}(x - 1)^n, \quad 0 < x \leq 2.$$

- Für $f(x) = (1 + x)^a$, $a \in \mathbb{R}$ und $x_0 = 0$ gilt

$$(1 + x)^a = \sum_{n=0}^{\infty} \binom{a}{n} x^n, \quad -1 < x < 1.$$

Beispiel 7.11.5 (Ein Gegenbeispiel). Die Funktion

$$f(x) = \begin{cases} \exp(-1/x^2), & \text{für } x \neq 0 \\ 0, & \text{für } x = 0 \end{cases}$$

ist nicht durch ihre Taylorreihe an $x_0 = 0$ darstellbar. Die Taylorreihe zu f ist identisch 0, da $f^{(n)}(0) = 0$ für alle $n \in \mathbb{N}$ gilt.

```
>> plotfunc2d(exp(-1/x^2),x=-0.5..0.5)
```

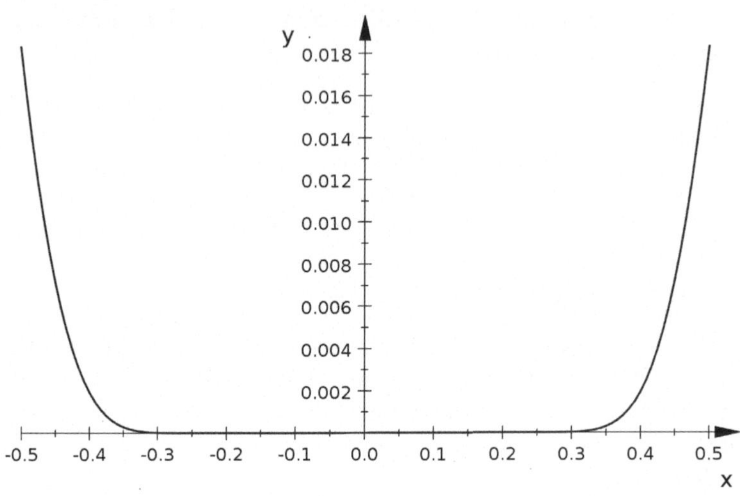

Abb. 7.8. Der Graph der Funktion $\exp(\frac{-1}{x^2})$.

Zur Beschreibung des Verhaltens von Funktionen in der Nähe von $x = 0$ dient der Begriff des *Landau-Symbols*.

Definition 7.11.6. *Sei f eine Funktion, die auf einem Intervall definiert ist, das 0 enthält. Man schreibt $f(x) = O(x^n)$, wenn es eine Konstante $C > 0$ gibt, so dass $\lim_{x \to 0} \frac{|f(x)|}{|x|^n} \leq C$ gilt und man schreibt $f(x) = o(x^n)$, wenn $\lim_{x \to 0} \frac{|f(x)|}{|x|^n} = 0$ gilt.*

Bemerkung 7.11.7. Die Schreibweise $f(x) = O(x^n)$ bedeutet, dass f für x gegen 0 mindestens so schnell gegen 0 geht wie x^n. Im Fall $f(x) = o(x^n)$ fällt die Funktion schneller als x^n.

Das Landau-Symbol hat in MuPAD einen eigenen Datentyp O. Mit ihm kann man in MuPAD rechnen. Mittels O(Ausdruck) kann ein Landausymbol erzeugt werden.

```
>> o1 := O(x^2): o2 := O(x^3):
>> o1*o2, o1+o2, o1/o2
             5         2        / 1 \
         O(x ),    O(x ),    O| - |
                              \ x /
```

Beispiel 7.11.8 (Visualisierung einer Approximation). Wir entwickeln $f(x) = \exp(x)$ um $x_0 = 0$. Wir erhalten als Approximationen die Polynome $g_0(x) := 1$, $g_1(x) := 1 + x$, $g_2(x) := 1 + x + \frac{1}{2}x^2$, $g_3(x) = \sum_{i=0}^{3} \frac{x^i}{i!}$ und $g_4(x) = \sum_{i=0}^{4} \frac{x^i}{i!}$.

```
>> f := exp(x): g := (sum(x^i/i!,i=0..n)) $ n=0..4:
>> plotfunc2d(f,g[1],g[2],g[3],g[4],x=-6..3,
   Scaling=Constrained,YRange=-3..3)
```

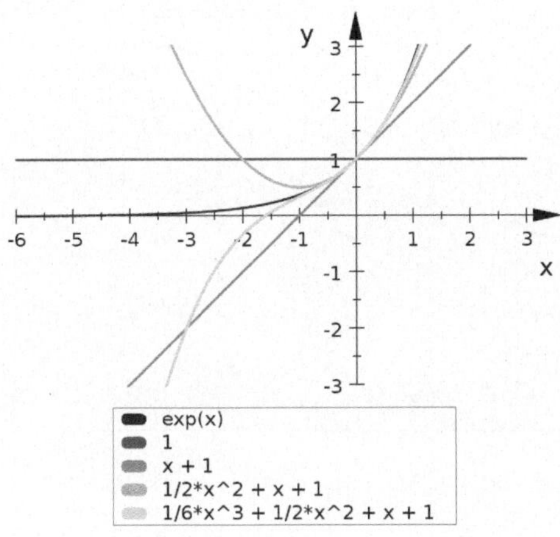

Abb. 7.9. Approximation der Funktion $\exp(x)$.

MuPAD ist in der Lage ein Taylorpolynom zu einer gegebenen Funktion zu berechnen. Das Taylorpolynom $(n-1)$-ten Grades zu einem Ausdruck f mit der Variablen x am Entwicklungspunkt x0 kann durch den Befehl taylor(f,x=x0,n) berechnet werden. Rückgabewert ist ein Objekt vom Typ Series::Puiseux.

Beispiel 7.11.9. Die Taylorschen Polynome für $1/(1-x)$ und $\sin(x)$:

```
>> taylor1 := taylor(1/(1-x),x=0,5)
                2    3    4      5
      1 + x + x  + x  + x  + O(x )
>> taylor2 := taylor(sin(x),x=2,5)
        sin(2) + cos(2) (x - 2) -

                     2                          3
        sin(2) (x - 2)        cos(2) (x - 2)
        --------------- - --------------- +

              2                    6

                     4
        sin(2) (x - 2)                5
        --------------- + O((x - 2) )
              24
```

Das auftretende Landausymbol zeigt dabei die Größenordnung des Restglieds an.

Man kann auch mit den Objekten des Typs `Series::Puiseux` rechnen, falls die Variablen und die Enwicklungspunkte gleich sind. Zum Beispiel können sie addiert oder multipliziert werden.

```
>> taylor3 := taylor(exp(x),x=0,2)
                 2
      1 + x + O(x )
>> taylor4 := taylor(sin(x),x=0,3)
             3
            x        5
      x  -  --  + O(x )
            6
>> taylor1+taylor3
                    2
      1 + 2 x + O(x )
```

7.12 Riemannsche Integrationstheorie

Der Zugang zur Integrationstheorie liegt zunächst in der Definition von Integralen zu sehr einfachen Funktionen, den Treppenfunktionen:

Definition 7.12.1 (Zerlegungen und Treppenfunktionen).

- *Sei $[a, b]$ ein Intervall. Gilt $a = a_0 < a_1 < a_2 < \cdots < a_n = b$, so nennt man $Z = (a_0, \ldots, a_n)$ eine Zerlegung von $[a, b]$.*
- *Eine Funktion $\phi : [a, b] \to \mathbb{R}$ heißt Treppenfunktion, wenn es eine Zerlegung $Z = (a_0, \ldots, a_n)$ von $[a, b]$ gibt, so dass ϕ auf jedem Teilintervall $[a_{n-1}, a_n)$ von Z konstant ist.*
- *Die Menge aller Treppenfunktionen auf $[a, b]$ sei $T[a, b]$.*

Definition 7.12.2 (Integrale für Treppenfunktionen). *Wir erklären das Integral einer Treppenfunktion $\phi \in T[a, b]$ durch*

$$\int_Z \phi := \sum_{k=1}^{n} c_k(a_k - a_{k-1}).$$

Dabei ist $Z = (a_0, \ldots, a_n)$ die zugehörige Zerlegung und $c_k = \phi(x)$ für alle $x \in [a_{k-1}, a_k)$.

Wir approximieren eine Funktion f nun durch Treppenfunktionen und definieren Ober- und Unterintegral:

Definition 7.12.3. *Für eine beschränkte Funktion $f : [a, b] \to \mathbb{R}$ heißt*

$$\int^* f := \inf\{\int \psi \mid \psi \in T[a, b], f \leq \psi\},$$

das Oberintegral *und*

$$\int_* f := \sup\{\int \psi \mid \psi \in T[a, b], f \geq \psi\},$$

das Unterintegral. *Es gilt für $\phi, \psi \in T[a, b]$ mit $\phi \leq f \leq \psi$ die Ungleichung*

$$\int \phi \leq \int_* f \leq \int^* f \leq \int \psi.$$

Stimmen Ober- und Unterintegral überein, dann können wir das Riemannsche Integral definieren.

Definition 7.12.4 (Das Riemannsche Integral). *Eine beschränkte Funktion $f : [a, b] \to \mathbb{R}$ heißt* integrierbar, *wenn Ober- und Unterintegral von f auf $[a, b]$ übereinstimmen.*
Der gemeinsame Wert heißt das Integral *von f und wird mit*

$$\int_a^b f(x)dx$$

bezeichnet. Dabei heißt f der Integrand, *x die* Integrationsvariable *und a, b heißen* Integrationsgrenzen.

Der wohl wichtigste Satz der Integrationstheorie ist der Hauptsatz. Mit seiner Hilfe lassen sich viele Integrale berechnen.

Satz 7.12.5 (Hauptsatz der Differential- und Integralrechung). *Ist f stetig auf einem Intervall I und $a \in I$, so ist $F(x) = \int_a^x f(t)dt, x \in I$, eine differenzierbare Funktion mit $F'(x) = f(x)$.*

Jede stetige Funktion besitzt also eine *Stammfunktion F*, d.h. eine Funktion mit $F'(x) = f(x)$. Für eine Stammfunktion F benutzt man auch die Notation $\int f(x)dx$ und spricht von einem *unbestimmten* Integral.
Bestimmte Integrale der Form $\int_a^b f(x)dx$ können in MuPAD durch den Befehl `int(f(x),x=a..b)` berechnet werden. Dabei ist `f(x)` ein Ausdruck. Unbestimmte Integrale können durch `int(f(x),x)` berechnet werden.
Numerische Approximationen von bestimmten Integralen können durch die Funktion `numeric::int` berechnet werden.

Beispiel 7.12.6. Wir geben einige Beispiele.

```
>> int(sin(x),x=0..6)
        1 - cos(6)
```

```
>> int(exp(x)*x,x=2..3)
      2 exp(3) - exp(2)
>> int(1/x^2,x=1..infinity)
      1
>> numeric::int(sin(1/x)*x,x=1..2)
           0.9190591676
>> int(x^2*sin(x),x)

                                     2
      2 cos(x) + 2 x sin(x) - x  cos(x)
>> int(sin(x)^4,x)
      3 x     sin(2 x)     sin(4 x)
      --- - -------- + --------
       8        4           32
```

```
>> int(x^a*b,x)
               /    a + 1                                    \
               | b x                                         |
    piecewise| -------- if a <> -1, b ln(x) if a = -1 |
               \    a + 1                                    /
```

7.12.1 Uneigentliche Integrale

Sei f auf dem Intervall $[a, b)$ definiert ($b = \infty$ ist auch zulässig) und sei f auf jedem abgeschlossenen Teilintervall von $[a, b)$ integrierbar. Man definiert

$$\int_a^b f(x)dx := \lim_{z \to b} \int_a^z f(x)dx,$$

falls der Limes existiert. Man spricht von einem *uneigentlichen Integral*.

Beispiel 7.12.7. Wir betrachten das uneigentliche Integral $\int_0^\infty \exp(-x^2)dx$.

```
>> int(exp(-x^2),x=0..infinity)
        1/2
      PI
      -----
        2
>> int(sin(x),x=0..infinity)
      undefined
```

Im zweiten Beispiel existiert also kein Grenzwert.

8

Lineare Algebra

In diesem Kapitel rekapitulieren wir die wichtigsten Begriffe der Linearen Algebra und zeigen, welche Instrumente MuPAD hierfür bereitstellt. Für den mathematischen Hintergund verweisen wir wiederum auf die Literatur, vgl. zum Beispiel [5], [11].

8.1 Grundlegende Begriffe der Linearen Algebra

Wir beginnen die Darstellung mit der Wiederholung einiger wichtiger Grundbegriffe der Linearen Algebra.

Definition 8.1.1 (Vektorraum). *Sei K ein Körper. Ein Tripel $(V, +, \cdot)$ bestehend aus einer nichtleeren Menge V und Verknüpfungen*

$$+ : V \times V \ \to \ V, \qquad \cdot : K \times V \ \to \ V$$

heißt Vektorraum *über einem Körper K, wenn gilt:*

1) $(V, +)$ ist eine abelsche Gruppe.
2) Für alle $v, w \in V$ und alle $\lambda, \mu \in K$ gilt:

$$
\begin{aligned}
a) \quad & (\lambda + \mu) \cdot v = (\lambda \cdot v) + (\mu \cdot v), \\
b) \quad & \lambda \cdot (v + w) = (\lambda \cdot v) + (\lambda \cdot w), \\
c) \quad & (\lambda\mu) \cdot v \ = \lambda \cdot (\mu \cdot v), \\
d) \quad & 1 \cdot v \ = v.
\end{aligned}
$$

Bemerkung 8.1.2.

- Die Elemente v eines Vektorraums V nennt man *Vektoren* und die Elemente des Körpers K *Skalare*.
- Die Abbildung $\cdot : K \times V \to V$ heißt *Skalarmultiplikation*.

- Ist $U \subset V$ eine Teilmenge des Vektorraums V und gelten für U alle Vektorraumaxiome, so heißt U ein *Untervektorraum* oder *Unterraum* von V.
- Wir nennen das neutrale Element von V den *Nullvektor*.

Sei im Folgenden K ein beliebiger Körper.

Kanonische Vektorräume: Für alle $n \in \mathbb{N}$ gibt es einen kanonischen n-dimensionalen Vektorraum.[1] Wir bezeichnen ihn mit K^n. Die Elemente des K^n sind n-Tupel von Elementen aus K. Ein n-Tupel der Form $(x_1, \ldots, x_n)$ heißt *Zeilenvektor* und ein Tupel der Form

$$\begin{pmatrix} x_1 \\ \vdots \\ x_n \end{pmatrix}$$

heißt *Spaltenvektor*. Im Hinblick auf die Matrizenmultiplikation ist es günstig, die Vektoren des K^n als Spaltenvektoren zu schreiben. Aus Gründen der besseren Lesbarkeit schreiben wir die Spaltenvektoren jedoch meistens als transponierte Zeilenvektoren $(x_1, \ldots, x_n)^t$.

Polynomräume: Die Menge der Polynome vom Grad kleiner oder gleich n

$$\{P(X) \in K[X] \mid \deg P(X) \leq n\}$$

bildet bezüglich der gewöhnlichen Addition und Skalarmultiplikation einen $(n+1)$-dimensionalen Vektorraum.

Reelle Zahlen: Die reellen Zahlen $\mathbb{R}$ bilden bezüglich der kanonischen Inklusion der rationalen Zahlen einen $\mathbb{Q}$-Vektorraum. Dieser hat, glaubt man an das Auswahlaxiom, eine überabzählbare Basis.

8.2 Basen von Vektorräumen

Definition 8.2.1 (Lineare (Un-)Abhängigkeit). *Sei V ein K-Vektorraum und $\{v_1, \ldots, v_r\}$ Elemente aus V.*

- *Ein Element $v \in V$ heißt* Linearkombination *von $\{v_1, \ldots, v_r\}$, falls es Elemente $\lambda_1, \ldots, \lambda_r \in K$ gibt mit*

$$v = \lambda_1 v_1 + \cdots + \lambda_r v_r.$$

- *Die Menge aller Linearkombinationen wird* Lineare Hülle *genannt und durch* $\mathrm{span}\{v_1, \ldots, v_n\}$ *bezeichnet. Die Lineare Hülle ist ein Untervektorraum von V.*

- *Die Elemente $\{v_1, \ldots, v_r\}$ heißen* linear unabhängig, *falls das Folgende gilt: Sind $\lambda_1, \ldots, \lambda_r \in K$ und ist $\lambda_1 v_1 + \cdots + \lambda_r v_r = 0$ eine Darstellung des Nullvektors, so folgt $\lambda_1 = \cdots = \lambda_r = 0$. Andernfalls heißen sie* linear abhängig.

---

[1] Für $n = 0$ erhält man auch einen (den einelementigen) Vektorraum.

Bemerkung 8.2.2. Sei V ein K-Vektorraum und $\{v_1, \dots, v_r\}$ Elemente aus V.

- Die Menge $\{v_1, \dots, v_r\}$ ist genau dann linear unabhängig, wenn sich jeder Vektor $v \in \mathrm{span}\{v_1, \dots, v_r\}$ eindeutig als Linearkombination darstellen lässt.
- Gilt $V = \mathrm{span}\{v_1, \dots, v_r\}$, so ist $\{v_1, \dots, v_r\}$ ein *Erzeugendensystem* von V. Ist $\{v_1, \dots, v_r\}$ zusätzlich linear unabhängig, so ist $\{v_1, \dots, v_r\}$ eine *Basis*.
- Aus jedem Erzeugendensystem eines Vektorraumes V kann man eine Basis auswählen, und jede Basis hat dieselbe Mächtigkeit. Die Mächtigkeit einer (und damit jeder) Basis nennt man *Dimension* von V.

8.2.1 Standardbasen und Dimensionsformel

- Seien
$$e_1 = (1, 0, \dots, 0)^t, \ \dots, e_n = (0, 0, \dots, 0, 1)^t \in K^n$$

  die Einheitsvektoren. Dann ist $\{e_1, \dots, e_n\}$ eine Basis, die sogenannte *Standardbasis*.
- Die Monome $\{1, x, x^2, \dots, x^n\}$ bilden eine Basis des Vektorraums der Polynome von Grad $\leq n$.
- $\{1, i\}$ ist eine Basis der komplexen Zahlen $\mathbb{C}$ als $\mathbb{R}$-Vektorraum.

Mit Hilfe der Dimensionsformel lassen sich die Dimensionen von Untervektorräumen berechnen.

Satz 8.2.3 (Dimensionsformel). *Seien W_1, W_2 Unterräume von V. Dann ist*
$$W_1 + W_2 := \{w_1 + w_2 \mid w_1 \in W_1, w_2 \in W_2\}$$

ein Untervektorraum von V. Er heißt die Summe *von W_1 und W_2. Es gilt die Dimensionsformel:*

$$\dim(W_1 + W_2) = \dim(W_1) + \dim(W_2) - \dim(W_1 \cap W_2).$$

8.2.2 Vektoren in MuPAD

Wir betrachten im Folgenden Vektoren, wie in Abschnitt 8.1 beschrieben, als Spaltenvektoren. MuPAD stellt Spaltenvektoren als $n \times 1$-Matrizen, d.h. Matrizen mit n-Zeilen und einer Spalte dar. Vektoren werden mit dem Befehl `matrix([x_1,x_2,...])` definiert. Hierbei können `x_1, ..., x_n` beliebige Ausdrücke sein.

Wir definieren den Vektor $a = (1, 2, 3, 4)^t$.

```
>> a := matrix([1,2,3,4])
        +-     -+
        |  1  |
        |      |
        |  2  |
        |      |
        |  3  |
        |      |
        |  4  |
        +-     -+
>> domtype(a)
        Dom::Matrix()
```

Der Datentyp von a ist also `Dom::Matrix()`. Wir können Vektoren wie gewohnt addieren und subtrahieren, falls sie dieselbe Anzahl von Zeilen haben.

```
>> a := matrix([1,2,3,4]): b := matrix([x,y,z,w]):
>> a+b
        +-         -+
        |  x + 1  |
        |          |
        |  y + 2  |
        |          |
        |  z + 3  |
        |          |
        |  w + 4  |
        +-         -+
```

Für weitere Berechnungen benötigen wir die Bibliothek `linalg`. Hier finden sich viele Befehle zur Linearen Algebra. Diese lassen sich mit Hilfe des Befehls `info(linalg)` anzeigen.

```
>> info(linalg)
Library 'linalg': the linear algebra package
-- Interface:
linalg::addCol,
linalg::addRow,
linalg::adjoint,
linalg::angle,
linalg::basis,
linalg::charmat,
...
```

Wir geben hier nur einen kleinen Ausschnitt wieder.

Beispiel 8.2.4. Wir wollen eine Basis des von den Vektoren $s_1 = (1,0,0)^t$, $s_2 = (0,1,1)^t$ und $s_3 = (1,1,1)^t$ aufgespannten Untervektorraums berechnen. Dies leistet der Befehl `linalg::basis([])`. Der Befehl erwartet als Parameter eine Liste oder eine Menge von Vektoren und gibt eine gefundene Basis zurück. Der Rückgabewert ist wiederum eine Liste, bzw. eine Menge von Vektoren.

```
>> s1 := matrix([1,0,0]):
>> s2 := matrix([0,1,1]):
>> s3 := matrix([1,1,1]):
>> linalg::basis([s1,s2,s3])
     -- +-     -+ +-     -+ --
     |  |  1  |  |  0  |  |
     |  |     |  |     |  |
     |  |  0  |, |  1  |  |
     |  |     |  |     |  |
     |  |  0  |  |  1  |  |
     -- +-     -+ +-     -+ --
```

Wir erhalten als Ergebnis die Basisvektoren $(1,0,0)^t$ und $(0,1,1)^t$.

Als Nächstes berechnen wir den Schnitt der Untervektorräume $\mathrm{span}\{s1\}$ und $\mathrm{span}\{s2,s3\}$ durch `linalg::intBasis([],...,[])`. Der Befehl benötigt durch Kommata getrennte Listen (oder Mengen) von Vektoren. Er liefert eine Basis des Schnittes aller von den Listen aufgespannten Untervektorräume zurück.

```
>> linalg::intBasis([s1],[s2,s3])
     -- +-     -+ --
     |  |  1  |  |
     |  |     |  |
     |  |  0  |  |
     |  |     |  |
     |  |  0  |  |
     -- +-     -+ --
```

Das heißt, dass der Schnitt der beiden Untervektorräume als Basis den Vektor $(1,0,0)^t$ besitzt. Zum Schluss testen wir noch, ob die Menge der Vektoren $\{s1,s2,s3\}$ linear unabhängig ist. Dies leistet der Befehl `isFree([])` aus der Bibliothek `student`. Der Befehl gibt zu einer Menge oder Liste von Vektoren den Booleschen Wert `TRUE` zurück, falls sie linear unabhängig ist, ansonsten wird `FALSE` zurückgegeben.

```
>> student::isFree([s1,s2,s3])
        FALSE
```

8.3 Matrizen

Matrizen bilden das grundlegende Werkzeug zum expliziten Berechnen der Probleme der Linearen Algebra.

Definition 8.3.1. *Eine $m \times n$-Matrix A über einem Körper K ist ein rechteckiges Schema mit Einträgen $a_{ij} \in K$ für $1 \le i \le m$ und $1 \le j \le n$ der Form*

$$A = \begin{pmatrix} a_{11} & a_{12} & \cdots & a_{1n} \\ a_{21} & a_{22} & \cdots & a_{2n} \\ \vdots & \vdots & \ddots & \vdots \\ a_{m1} & a_{m2} & \cdots & a_{mn} \end{pmatrix}.$$

Wir nennen die Werte von i zwischen 1 *und* m *den* Zeilenindex *und die Werte von* j *zwischen* 1 *und* n *den* Spaltenindex. *Man schreibt kurz*

$$A = (a_{ij}) \in K^{m \times n}.$$

Für Matrizen gibt es einige nützliche Umformungen und Rechenregeln:

Definition 8.3.2.

- *Die* Einheitsmatrix[2] *ist definiert durch $E_n := (\delta_{ij}) \in K^{n \times n}$ mit $\delta_{ii} = 1$ für $1 \le i \le n$ und $\delta_{ij} = 0$ für $i \ne j$.*
- *Seien $A = (a_{ij})$ und $B = (b_{ij}) \in K^{m \times n}$. Dann ist die* Addition *definiert durch*

$$C = (c_{ij}) := A + B \in K^{m \times n}$$

mit $c_{ij} = a_{ij} + b_{ij}$.
- *Seien $A = (a_{ij}) \in K^{m \times n}$ und $B = (b_{ij}) \in K^{n \times p}$. Dann ist die* Multiplikation *gegeben durch*

$$C = (c_{ij}) := A \cdot B \in K^{m \times p}$$

mit $c_{ij} = \sum_{k=1}^{n} a_{ik} b_{kj}$. Die Matrizenmultiplikation ist nur definiert, falls die Anzahl der Spalten von A gleich der Anzahl der Zeilen von B ist.
- *Die* Transponierte *von $A = (a_{ij})$ ist definiert durch $A^t := (a_{ji})$.*
- *Für Matrizen $A = (a_{ij}) \in \mathbb{C}^{m \times n}$ ist $A^* := (\overline{a_{ji}}) \in \mathbb{C}^{n \times m}$. Hierbei bedeutet $\bar{a}$ die komplex konjugierte Zahl.*
- *Eine Matrix $A \in \mathbb{R}^{n \times n}$ heißt* symmetrisch, *wenn $A = A^t$ gilt.*
- *$A \in \mathbb{R}^{n \times n}$ heißt* orthogonal, *wenn $A \cdot A^t = A^t \cdot A = E_n$ gilt.*
- *Eine Matrix $A \in \mathbb{C}^{n \times n}$ heißt* hermitesch, *wenn $A = A^*$ gilt.*
- *$A \in \mathbb{C}^{n \times n}$ heißt* unitär, *wenn $A \cdot A^* = A^* \cdot A = E_n$ gilt.*
- *$A \in K^{n \times n}$ heißt* invertierbar, *wenn eine Matrix $A^{-1} \in K^{n \times n}$ existiert mit $A \cdot A^{-1} = A^{-1} \cdot A = E_n$.*

---

[2] Vorsicht: In MuPAD ist der Buchstabe E als Eulersche Konstante bereits vordefiniert.

8.3.1 Konstruktion von Matrizen

Wir beschreiben zunächst allgemeine Eigenschaften von Matrizen in MuPAD.

- Matrizen werden in MuPAD mit Hilfe des Befehls `matrix` konstruiert.
- Der Rückgabewert ist vom Typ `Dom::Matrix()`.
- Die Einträge der Matrix können beliebige Ausdrücke sein.
- Es ist auch möglich, Matrizen über bestimmten Ringen (z.B. $\mathbb{R}$, $\mathbb{C}$) zu konstruieren. Ein Beispiel hierzu findet man in Kapitel 4.6.
- Es gibt auch spezielle Datenstrukturen z.B. für quadratische Matrizen.

Es gibt in MuPAD verschiedene Möglichkeiten eine Matrix zu konstruieren.

- Die Eingabe der Einträge erfolgt pro Zeile in eckigen Klammern [], und alle Spalten werden dann wieder in eckigen Klammern [] eingegeben.

```
>> matrix([[1,2,3,4],[a,0,1,b]])
       +-           -+
       |  1, 2, 3, 4 |
       |             |
       |  a, 0, 1, b |
       +-           -+
```

- Es kann eine explizite Dimension angegeben werden.

```
>> matrix(2,4,[[1,2,3,4],[a,0,1,b]])
       +-           -+
       |  1, 2, 3, 4 |
       |             |
       |  a, 0, 1, b |
       +-           -+
>> matrix(3,4,[[1,2,3,4],[a,0,1,b]])
       +-           -+
       |  1, 2, 3, 4 |
       |             |
       |  a, 0, 1, b |
       |             |
       |  0, 0, 0, 0 |
       +-           -+
```

Ist die angegebene Dimension größer als die Anzahl der Zeilen wird die Matrix mit Nullen aufgefüllt. Es wird also eine Nullzeile eingefügt.

- Es können auch einzelne Zeilen- und Spaltenvektoren erzeugt werden.

```
>> matrix(1,3,[4,5,6])
       +-        -+
       | 4, 5, 6 |
       +-        -+
```

```
>> matrix(3,1,[1,2,3])
        +-    -+
        |  1  |
        |     |
        |  2  |
        |     |
        |  3  |
        +-    -+
```

8.3.2 Konstruktion spezieller Matrizen

- Wird der Befehl `matrix()` nur mit der Dimension der Matrix aufgerufen, so wird eine Nullmatrix dieser Dimension erzeugt.

```
>> matrix(3,4)
     +-              -+
     |  0, 0, 0, 0   |
     |               |
     |  0, 0, 0, 0   |
     |               |
     |  0, 0, 0, 0   |
     +-              -+
```

- Oft sind die Einträge einer $m \times n$-Matrix A mit Hilfe einer Funktion $f(i,j)$ der Zeilen- und Spaltenindizes i, j gegeben. Dies funktioniert in MuPAD, indem wir zusätzlich zur Dimension der Matrix auch eine Funktion f als Parameter an den Befehl `matrix()` übergeben.

```
>> f := (i,j) -> i*j:
>> matrix(3,5,f)
        +-                    -+
        |  1,  2,  3,   4,  5  |
        |                      |
        |  2,  4,  6,   8, 10  |
        |                      |
        |  3,  6,  9,  12, 15  |
        +-                    -+
```

8.3.3 Bestimmung von Kenngrößen einer Matrix

Wichtig ist es oft im Zusammenhang mit der Implementation von Algorithmen bestimmte Kenngrößen bereits definierter Matrizen abzufragen.

- Abfragen der Spaltenanzahl mit `linalg::ncols()`.

```
>> A := matrix(2,4,[[1,2,3,4],[a,0,1,b]]):
>> linalg::ncols(A)
      4
```

- Abfragen der Zeilenanzahl mit `linalg::nrows()`.

```
>> linalg::nrows(A)
      2
```

- Dimension der Matrix: `linalg::matdim()`. Es wird eine Liste mit der Zeilen- und Spaltenanzahl der Matrix zurückgegeben.

```
>> linalg::matdim(A)
       [2, 4]
```

8.3.4 Zugriff und Manipulation von Einträgen einer Matrix

Die Abfrage des Eintrags einer Matrix A gelingt mittels A[i,j], wobei i der Zeilenindex und j der Spaltenindex ist. Analog kann ein Eintrag an dieser Stelle geändert werden.

- Abfragen des Eintrags in Zeile 1 und Spalte 2:

```
>> A := matrix(2,4,[[1,2,3,4],[a,0,1,b]]): A[1,2]
      2
```

- Ändern des Eintrags in Zeile 2 und Spalte 2:

```
>> A[2,2] := 22: A[2,2]
      22
```

Ganze Zeilen bzw. Spalten können durch `linalg::row(Matrix,Zeile)` bzw. `linalg::col(Matrix,Spalte)` selektiert werden. Hierbei bedeutet Zeile bzw. Spalte den Index der jeweiligen Zeile bzw. Spalte. Wir extrahieren im Beispiel die zweite Zeile und die vierte Spalte.

```
>> A := matrix(2,4,[[1,2,3,4],[a,0,1,b]]):
>> zeile := linalg::row(A,2)
        +-              -+
        | a, 0, 1, b |
        +-              -+
>> spalte := linalg::col(A,4)
        +-    -+
        |  4  |
        |       |
        |  b  |
        +-    -+
```

In einfacher Weise können auch Teilmatrizen einer Matrix ausgegeben werden. Ist A eine Matrix, dann kann durch den Aufruf von `A[i1..i2,j1..j2]` die Teilmatrix, die durch die Zeilen $i1 \leq i \leq i2$ und die Spalten $j1 \leq j \leq j2$ gegeben ist, erzeugt werden.

```
>> A := matrix(2,4,[[1,2,3,4],[a,0,1,b]]):
>> A[1..2,2..4]
         +-            -+
         |  2, 3, 4  |
         |            |
         |  0, 1, b  |
         +-            -+
```

Spezielle Matrizen können durch Angabe eines optionalen Arguments des Befehls `matrix` erzeugt werden. Durch die Option `Diagonal` wird eine Diagonalmatrix und durch die Option `Banded` eine Bandmatrix erzeugt.

```
>> x := [1,2,3]:
>> Diag := matrix(3,3,x,Diagonal)
         +-            -+
         |  1, 0, 0  |
         |            |
         |  0, 2, 0  |
         |            |
         |  0, 0, 3  |
         +-            -+
>> matrix(3,3,[-1,2,5],Banded)
         +-              -+
         |   2,  5, 0  |
         |              |
         |  -1,  2, 5  |
         |              |
         |   0, -1, 2  |
         +-              -+
```

8.3.5 Rechnen mit Matrizen

Matrizenaddition und Matrizenmultiplikation werden, falls sie definiert sind, mittels der ganz gewöhnlichen Zeichen für Addition + und Multiplikation * beschrieben. Positive und negative ganzzahlige Potenzen sind ebenfalls möglich.

```
>> A := matrix([[a,b],[c,d]]):
>> B := matrix([[e,f],[g,h]]):
```

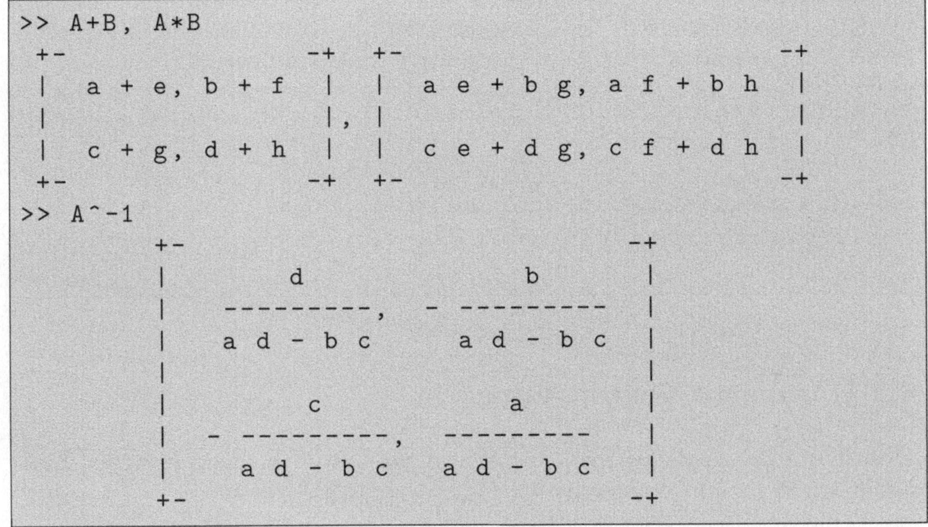

8.3.6 Anwendung von Systemfunktionen

Viele Systemfunktionen lassen sich auf Matrizen anwenden. Wir geben hierzu einige Beispiele:

- `conjugate(A)` ersetzt die Einträge der Matrix durch ihre komplex konjugierten Einträge.
- `expand(A)` wendet `expand` auf alle Einträge einer Matrix an.
- `float(A)` wendet `float` auf alle Einträge einer Matrix an.
- `has(A,Ausdruck)` prüft, ob ein Ausdruck `Ausdruck` in mindestens einem Eintrag von `A` enthalten ist.

8.4 Der Rang einer Matrix

Neben den Kenngrößen Zeilen- und Spaltenzahl gibt es eine weitere wichtige ganzzahlige Größe, die einer Matrix zugeordnet werden kann.

Definition 8.4.1. *Sei $A \in K^{m \times n}$.*

- *Die Dimension des von den Spaltenvektoren aufgespannten Untervektorraumes nennt man den* Spaltenrang *von A. Er ist höchstens gleich n.*
- *Die Dimension des von den Zeilenvektoren aufgespannten Untervektorraumes nennt man den* Zeilenrang *von A. Er ist höchstens gleich m.*

Ein wenig überraschend ist der folgende Satz.

Satz 8.4.2. *Der Zeilenrang und der Spaltenrang einer Matrix $A \in K^{m \times n}$ sind gleich und man spricht deshalb vom* Rang *einer Matrix.*

Der Rang einer Matrix kann mit dem Befehl `linalg::rank()` berechnet werden. Um die Aussage des Satzes zu prüfen, verwenden wir den Befehl `linalg::transpose()` um die transponierte Matrix zu berechnen.

```
>> A := matrix([[1,0,0],[0,1,1],[1,1,1]]):
>> linalg::rank(A)
        2
>> A_tr := linalg::transpose(A):
>> linalg::rank(A_tr)
        2
```

8.5 Normierte Vektorräume

Definition 8.5.1. *Sei V ein Vektorraum über $K = \mathbb{R}$ oder $K = \mathbb{C}$. Eine Norm auf V ist eine Abbildung*

$$\| \cdot \| : V \to \mathbb{R}, \quad v \mapsto \|v\|,$$

so dass für alle $\alpha \in K$ und alle $u, v \in V$ gilt

$$\|v\| \geq 0,$$
$$\|v\| = 0 \iff v = 0,$$
$$\|\alpha v\| = |\alpha| \|v\|,$$
$$\|u + v\| \leq \|u\| + \|v\| \ \textit{(Dreiecksungleichung)}.$$

Ein Vektorraum zusammen mit einer Norm $(V, \| \cdot \|)$ heißt normierter Raum.

Eine Norm lässt sich z.B. aus einem Skalarprodukt[3] gewinnen. Wir definieren dies zunächst:

Definition 8.5.2 (Skalarprodukt). *Sei V ein Vektorraum über $K = \mathbb{R}$ oder $K = \mathbb{C}$. Eine skalarwertige Abbildung $(\cdot, \cdot) : V \times V : \to K$ heißt* Skalarprodukt, *wenn für alle $x, y, z \in V$, $\alpha, \beta \in K$ gilt:*

$$(x, x) \geq 0,$$
$$(x, x) = 0 \iff x = 0,$$
$$(x, y) = \overline{(y, x)},\ [4]$$
$$(\alpha x + \beta y, z) = \alpha(x, z) + \beta(y, z).$$

---

[3] Skalarprodukt und Skalarmultiplikation dürfen nicht verwechselt werden.
[4] Insbesondere folgt, dass $(x, x) \in \mathbb{R}$ gilt.

Bemerkung 8.5.3.

- Ein Vektorraum V, der mit einem Skalarprodukt versehen ist, heißt *Prä-Hilbert-Raum*. Ist $K = \mathbb{R}$, so heißt der Raum auch *euklidischer Raum*.
- Durch $\|v\| := \sqrt{(v,v)}$, $v \in V$ lässt sich eine Norm definieren. Es gilt die *Cauchy-Schwarzsche Ungleichung*

$$|(u,v)| \leq \|u\|\|v\|.$$

- Im euklidischen Raum ist der Winkel α zwischen zwei Vektoren $u, v \in V \setminus \{0\}$ definiert durch

$$\arccos\left(\frac{(u,v)}{\|u\|\|v\|}\right).$$

- Zwei Vektoren $u, v \in V$ heißen *orthogonal*, wenn $(u,v) = 0$ gilt.
- Eine Basis aus paarweise orthogonalen Vektoren heißt *Orthogonalbasis*.
- Eine Orthogonalbasis, bei der alle Vektoren die Norm 1 haben, nennt man *Orthonormalbasis*.
- Jeder endlichdimensionale Prä-Hilbert-Raum hat eine Orthonormalbasis.
- Ist U ein Unterraum von V, so ist

$$U^\perp := \{v \in V \mid (v,u) = 0 \text{ für alle } u \in U\}$$

der *Orthogonalraum* zu U.

Mit Hilfe des Befehls `norm(vektor,index)` kann MuPAD die Norm eines Vektors berechnen. Für den Wert `index` sind alle positiven ganzen Zahlen und `infinity` (Maximum-Norm) zulässig. Insbesondere erhält man für `index=2` die euklidische Norm eines Vektors, die vom Standardskalarprodukt im $\mathbb{R}^n$ induziert ist.

```
>> x := matrix([1,2,3,4,5]):
>> norm(x,2), norm(x,Infinity)
       1/2
     55    , 5
```

Seien $a_1 = (1,2,3)^t$, $a_2 = (0,4,1)^t$ und $a_3 = (1,1,1)^t$ Vektoren im $\mathbb{R}^3$. Das Orthogonalisieren der Vektoren kann mit dem Befehl `linalg::orthog([])` durchgeführt werden. Der Befehl erwartet eine Menge oder Liste von Vektoren und gibt eine Orthogonalbasis des von diesen Vektoren aufgespannten Untervektorraums zurück.

```
>> a1 := matrix([1,2,3]):
>> a2 := matrix([0,4,1]):
>> a3 := matrix([1,1,1]):
```

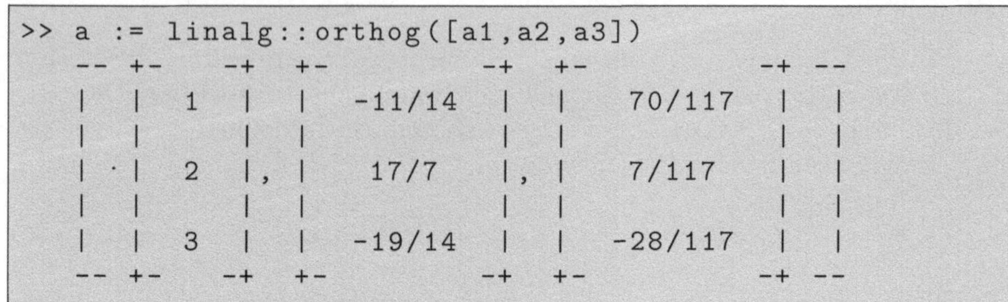

```
>> a := linalg::orthog([a1,a2,a3])
   -- +-     -+ +-            -+ +-               -+ --
   |  |  1  |  |    -11/14    |  |     70/117     |  |
   |  |     |  |              |  |                |  |
   |  |  2  |, |     17/7     |, |      7/117     |  |
   |  |     |  |              |  |                |  |
   |  |  3  |  |    -19/14    |  |    -28/117     |  |
   -- +-     -+ +-            -+ +-               -+ --
```

Das Skalarprodukt zweier Vektoren kann mittels des Befehls
`linalg::scalarProduct(vektor1,vektor2)` berechnet werden. Analog gelingt die Berechnung des Winkels (im Bogenmaß) zwischen zwei Vektoren mit `linalg::angle`.

```
>> a1 := matrix([1,2,3]): a2 := matrix([0,4,1]):
>> linalg::scalarProduct(a1,a2)
      11
>> float(linalg::angle(a1,a2))
       0.7769944064
```

8.6 Lineare Abbildungen zwischen Vektorräumen

Definition 8.6.1. *Seien K-Vektorräume V und W gegeben. Eine Abbildung*

$$F : V \to W$$

heißt lineare Abbildung, falls für alle $v, w \in V$ und alle $\alpha \in K$ gilt:

- $F(v + w) = F(v) + F(w)$,
- $F(\alpha \cdot v) = \alpha \cdot F(v)$.

Ist F bijektiv, dann ist auch die Umkehrabbildung F^{-1} eine lineare Abbildung und F heißt Isomorphismus.
Gilt $V = W$, so spricht man von einem Endomorphismus. *Einen Isomorphismus nennt man in diesem Fall auch* Automorphismus.

Bemerkung 8.6.2.

- Sei I eine beliebige Indexmenge, sei $(v_i)_{i \in I}$ eine Basis von V und seien $(w_i)_{i \in I}$ Vektoren in W. Dann gibt es genau eine lineare Abbildung $F : V \to W$ mit $F(v_i) = w_i$ für alle $i \in I$.
- Das *Bild* von F ist definiert als $\operatorname{bild}(F) := \{F(v) \mid v \in V\}$.
- Der *Kern* von F ist $\operatorname{kern}(F) := \{v \in V \mid F(v) = 0\}$.
- Es gilt die Dimensionsformel:

$$\dim V = \dim \operatorname{bild}(F) + \dim \operatorname{kern}(F).$$

- Die Menge der K-linearen Abbildungen von V nach W wird mit $\mathrm{Hom}_K(V, W)$ bezeichnet.

Bemerkung 8.6.3. Lineare Abbildungen $F : K^n \to K^m$ zwischen den kanonischen Vektorräumen lassen sich durch Matrizen beschreiben.

- Jeder Matrix $A \in K^{m \times n}$ lässt sich durch $F_A : K^n \to K^m$, $x \mapsto Ax$ eine lineare Abbildung zuordnen.
- Sei $F : K^n \to K^m$ eine lineare Abbildung und und sei $\{e_1, \ldots, e_n\}$ die Standardbasis vom K^n. Sei die $m \times n$-Matrix A gebildet durch die Vorschrift: $F(e_i) = i$-te Spalte der Matrix A für $1 \le i \le n$. Dann ist $F = F_A$.
- Es gilt $\dim(\mathrm{bild}\, F_A) = \mathrm{rang}(A)$.

Beispiel 8.6.4. Wir beschreiben mit Hilfe von MuPAD die Drehung um die Winkel a_1 und a_2 und berechnen die Hintereinanderausführung dieser beiden Drehungen.

```
>>   A := matrix([[cos(a1),-sin(a1)],[sin(a1),cos(a1)]]):
>>   B := matrix([[cos(a2),-sin(a2)],[sin(a2),cos(a2)]]):
>>   simplify(A*B)
       +-                              -+
       |   cos(a2 + a1),  -sin(a2 + a1)  |
       |                                 |
       |   sin(a2 + a1),   cos(a2 + a1)  |
       +-                              -+
```

Die Hintereinanderausführung zweier Drehungen ist also die Drehung um die Summe der beiden Drehwinkel.

Allgemein gilt, dass die Matrix

$$G(\alpha) := \begin{pmatrix} \cos(\alpha) & -\sin(\alpha) \\ \sin(\alpha) & \cos(\alpha) \end{pmatrix}$$

eine Drehung um den Winkel α beschreibt.

Beispiel 8.6.5. Als zweites Beispiel beschreiben wir die Spiegelung bezüglich der Ebene $\mathrm{span}(a)^\perp := \{x \in \mathbb{R}^3 \mid x^T a = 0\}$ mit $\|a\| = 1$. Wir erhalten die Spiegelungsmatrix $S(a) := E_3 - 2aa^T$. Hierbei ist zu beachten, dass a ein Spaltenvektor, also eine 3×1-Matrix ist. Deshalb ist aa^T eine 3×3-Matrix. Wir definieren zunächst den Vektor a und normieren ihn auf die Länge 1, indem wir ihn durch seine euklidische Norm teilen. Die Einheitsmatrix definieren wir uns mit Hilfe der Option Diagonal.

```
>> a := matrix(3,1,[1,2,3]):
>> a := a/norm(a,2):
>> E_3 := matrix(3,3,[1,1,1],Diagonal):
```

```
>> S := E_3-2*a*linalg::transpose(a)
        +-                        -+
        |    6/7,   -2/7,   -3/7   |
        |                          |
        |   -2/7,    3/7,   -6/7   |
        |                          |
        |   -3/7,   -6/7,   -2/7   |
        +-                        -+
>> S*S-E_3
        +-           -+
        |  0,  0,  0  |
        |             |
        |  0,  0,  0  |
        |             |
        |  0,  0,  0  |
        +-           -+
```

Im letzten Rechenschritt erkennt man die für Spiegelungen charakteristische Eigenschaft, dass ihre Hintereinanderausführung die identische Abbildung ist.

8.7 Eigenwerte und Eigenvektoren

Definition 8.7.1. *Sei* $A \in K^{n \times n}$. *Ein Element* $\lambda \in K$ *heißt* Eigenwert *von A, wenn es einen Vektor* $x \in K^n \setminus \{0\}$ *gibt, so dass*

$$Ax = \lambda x$$

gilt. Der Vektor $x \in K^n$ *heißt* Eigenvektor *zum Eigenwert* λ.

- Die Eigenwerte sind die Nullstellen des *charakteristischen Polynoms*

$$p(t) := \det(A - tE_n).$$

- Das Polynom $p(t)$ ist von Grad n. Es gibt deshalb höchstens n verschiedene Eigenwerte.

Bemerkung 8.7.2.

- Eigenvektoren zu paarweise verschiedenen Eigenwerten sind linear unabhängig.
- Gibt es eine Basis aus Eigenvektoren, so ist A *diagonalisierbar*, das heißt man kann die Abbildung F_A bei geeigneter Basiswahl durch eine Diagonalmatrix repräsentieren.
- Ist $K = \mathbb{C}$, dann lässt sich jeder Endomorphismus eines Vektorraums durch eine Matrix in *Jordanscher Normalform* darstellen.

Mit dem Befehl `linalg::eigenvalues(A)` können die Eigenwerte einer Matrix `A` berechnet werden. Rückgabewert ist die Menge der Eigenwerte.

```
>> A := matrix([[1,2],[2,4]]):
>> linalg::eigenvalues(A)
      {0, 5}
```

In diesem Fall sind die Eigenwerte 0 und 5. Insbesondere ist die Matrix diagonalisierbar.

Zur Berechnung der Eigenwerte und Eigenvektoren einer Matrix `A` kann der Befehl `linalg::eigenvectors(A)` verwendet werden.

```
>> A := matrix([[1,2],[2,4]]):
>> linalg::eigenvectors(A)
      -- --        -- +-      -+ -- --
      |  |         |  |   -2  |  |  |
      |  |  0, 1,  |  |       |  |  |,
      |  |         |  |    1  |  |  |
      -- --        -- +-      -+ -- --

      --        -- +-      -+ -- -- --
      |         |  | 1/2  |  |  |  |
      |  5, 1,  |  |      |  |  |  |
      |         |  |   1  |  |  |  |
      --        -- +-      -+ -- -- --
```

Wir erhalten eine Liste bestehend aus den Einträgen: Eigenwert, Vielfachheit und zugehöriger Eigenvektor.

Ist man nur am charakteristischen Polynom interessiert, dann kann dieses mit Hilfe der Determinantenfunktion `linalg::det` berechnet werden. Wir definieren wieder die Einheitsmatrix mittels der Option `Diagonal` und berechnen das charakteristische Polynom mit seiner definierenden Formel.

```
>> A := matrix([[1,2],[2,4]]):
>> E_2 := matrix(2,2,[1,1],Diagonal):
>> p := linalg::det(A-lambda*E_2)
            2
      lambda  - 5 lambda
>> solve(p=0,lambda)
      {0, 5}
```

Wie zu erwarten, erhalten wir für die Eigenwerte die Zahlen 0 und 5. Alternativ kann auch die Funktion `linalg::charpoly` zur Berechnung des charakteristischen Polynoms benutzt werden.

8.8 Lineare Gleichungssysteme

Sei $A \in K^{m \times n}$ eine Matrix und $b \in K^m$ ein Vektor. Gesucht ist die Menge der Lösungen (Lösungsraum) $x \in K^n$ des *linearen Gleichungssystems* (LGS)

$$Ax = b.$$

Ist $b = 0$, so spricht man von einem *homogenen System*. Ansonsten spricht man von einem *inhomogenen System*.

Bemerkung 8.8.1 (Struktur des Lösungsraums).

- Der Lösungsraum W des homogenen Systems $Ax = 0$ bildet einen Untervektorraum des K^n. Die Dimension ist

$$\dim(W) = n - \operatorname{rang}(A).$$

- Die Lösungen des inhomogenen Systems ($b \neq 0$) bilden einen affinen Unterraum X des K^n. Eine Teilmenge $X \subset K^n$ heißt *affiner Unterraum*, wenn es einen Untervektorraum W von K^n und ein $v \in K^n$ gibt, so dass $X = v + W$ gilt.
- Ist W der Lösungsraum des homogenen Systems und $v \in K^n$ eine beliebige Lösung, d.h. es ist $Av = b$, dann ist der Lösungsraum W von $Ax = b$ gegeben durch $X = v + W$.
- Die Differenz zweier Lösungen des inhomogenen Systems ist immer eine Lösung des homogenen Systems.

Bemerkung 8.8.2 (Lösbarkeit von LGS).

- Das inhomogene System ist genau dann für alle rechten Seiten lösbar, wenn $\operatorname{rang}(A) = m$ gilt.
- Das homogene bzw. das inhomogene System besitzt höchstens eine Lösung, genau dann wenn $\operatorname{rang}(A) = n$ gilt.
- Der Lösungsraum des inhomogenen Systems ist genau dann nicht leer, wenn $\operatorname{rang}(A) = \operatorname{rang}(A|b)$ gilt.
- Praktisch kann ein LGS mit dem *Gaußschen Eliminationsverfahren* gelöst werden.

Die Berechnung der Lösungen von $Ax = b$ kann durchgeführt werden mit dem Befehl `linalg::matlinsolve(A,b)`. Rückgabewert ist eine Liste bestehend aus einer speziellen Lösung und einer Basis für die Lösung des homogenen Gleichungssystems. Als Variante kann `linalg::matlinsolve(A,b,Option)` aufgerufen werden. Für `Option=Special` wird eine Lösung des Gleichungssystems berechnet und für `Option=Unique` wird geprüft, ob das LGS eine eindeutige Lösung besitzt. In diesem Fall wird die Lösung zurückgeliefert. Andernfalls wird `NIL` zurückgegeben.

```
>> A := matrix([[1,2,3],[4,5,6],[7,8,9]]):
>> b := matrix([1,1,1]):
>> linalg::rank(A)
        2
>> linalg::matlinsolve(A,b)
        -- +-     -+ -- +-     -+ -- --
        |  |  -1 |  |  |  |  1 |  |  |  |
        |  |     |  |  |  |    |  |  |  |
        |  |   1 |, |  |  -2 |  |  |  |
        |  |     |  |  |  |    |  |  |  |
        |  |   0 |  |  |  |  1 |  |  |  |
        -- +-     -+ -- +-     -+ -- --
>> linalg::matlinsolve(A,b,Special)
        +-     -+
        |  -1 |
        |     |
        |   1 |
        |     |
        |   0 |
        +-     -+
>> linalg::matlinsolve(A,b,Unique)
        NIL
```

Der Rang der Matrix A ist 2. Wir erhalten deshalb einen 1-dimensionalen
Lösungsraum des homogenen Gleichungssystems. Er wird durch den Vektor
$(1, -2, 1)^t$ aufgespannt. Als spezielle Lösung des inhomogenen Gleichungssystems erhalten wir den Vektor $(-1, 1, 0)^t$.
Mit Hilfe des Befehls `linalg::gaussElim(A)` wird eine Matrix `A` durch Zeilen-
und Spaltenoperationen auf eine obere Dreiecksgestalt transformiert. Alternativ wird mit dem Befehl `linalg::gaussJordan(A)` die Matrix A auf eine
reduzierte Zeilen-Stufenform transformiert.

```
>> linalg::gaussElim(A), linalg::gaussJordan(A)
        +-           -+ +-           -+
        |  1,  2,  3 |  |  1,  0, -1 |
        |            |  |            |
        |  0, -3, -6 |, |  0,  1,  2 |
        |            |  |            |
        |  0,  0,  0 |  |  0,  0,  0 |
        +-           -+ +-           -+
```

Grafik

Bereits in den vorangegangenen Abschnitten haben wir einige Beispiele der Grafik-Möglichkeiten von MuPAD gesehen. Ziel dieses Abschnitts ist eine systematische Einführung in die Grafik-Funktionen von MuPAD. Aus Platzgründen können wir hier aber nicht alle grafischen Möglichkeiten mit den dazugehörigen Optionen beschreiben.

9.1 Grafik-Objekte

Die Herangehensweise zur Erstellung von Grafiken ist etwas ungewohnt. Grafiken werden in der Regel nicht direkt erzeugt, sondern es werden durch Funktionen der Grafikbibliothek `plot` zunächst grafische Objekte des speziellen Datentyps `plotObject` von MuPAD erzeugt. Diese Objekte können dann in einer sogenannten *grafischen Szene* zusammengefasst werden. Die Anwendung des Befehls `plot(Objekt1,Objekt2,...,Option(en))` sorgt dann schließlich für die Darstellung der grafischen Objekte, die zusammen mit weiteren Optionen als Parameter der Funktion `plot` benutzt werden können.

Achtung: Grafische Objekte der Dimensionen 2 und 3 können nicht in einer grafischen Szene zusammengefasst werden.

In der folgenden Tabelle listen wir die in diesem Abschnitt beschriebenen Grafikfunktionen auf. Eine vollständige Übersicht über alle Grafikfunktionen erhält man durch die Hilfe.

Name	Beschreibung
plotfunc2d	Erzeugen von Funktionsgrafen von Funktionen in einer Veränderlichen
plotfunc3d	Erzeugen von Funktionsgrafen von Funktionen in zwei Veränderlichen
plot::Circle2d	Erzeugen eines Kreises in der Ebene
plot::Circle3d	Erzeugen eines Kreises im Raum
plot::Curve3d	Erzeugen einer Raumkurve
plot::Implicit2d	Erzeugen von Höhenlinien
plot::Line2d	Erzeugen von Linien in der Ebene
plot::Line3d	Erzeugen von Linien im Raum
plot::Point2d	Erzeugen von Punkten in der Ebene
plot::Point3d	Erzeugen von Punkten im Raum
plot::Polygon2d	Erzeugen eines Polygons in der Ebene
plot::Polygon3d	Erzeugen eines Polygons im Raum
plot::Scene2d	Erzeugen von grafischen 2-dimensionalen Szenen
plot::Scene3d	Erzeugen von grafischen 3-dimensionalen Szenen
plot::Surface	Erzeugen einer parametrisierten Fläche
plot::Vectorfield2d	Erzeugen eines Vektorfeldes in der Ebene
plot::Vectorfield3d	Erzeugen eines Vektorfeldes im 3-dimensionalen Raum

9.2 Einfache Grafiken

Wir illustrieren das Verhalten des `plot`-Befehls zunächst an einigen elementaren Grafiken.

Mit Hilfe des Befehls `Point2d` aus der Systembibliothek `plot` lassen sich Punkte zeichnen. Mittels der Option `PointSize` kann die Größe der Punkte variiert werden.

```
>> a := sqrt(2):
>> p1 := plot::Point2d([0,2],PointSize=1):
>> p2 := plot::Point2d([a,a],PointSize=2):
>> p3 := plot::Point2d([2,0],PointSize=3):
>> p4 := plot::Point2d([a,-a],PointSize=4):
>> p5 := plot::Point2d([0,-2],PointSize=5):
>> p6 := plot::Point2d([-a,-a],PointSize=6):
>> p7 := plot::Point2d([-2,0],PointSize=7):
>> p8 := plot::Point2d([-a,a],PointSize=8):
>> plot(p1,p2,p3,p4,p5,p6,p7,p8,
 ViewingBox=[-5..5,-5..5],Scaling=Constrained)
```

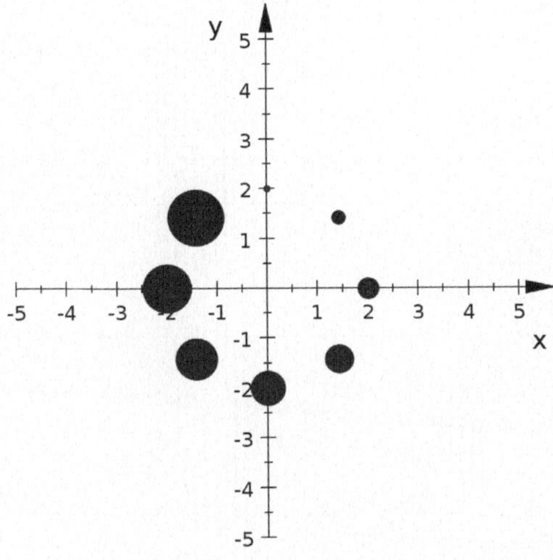

Abb. 9.1. Kreisförmig angeordnete Punkte.

Die Optionen `ViewingBox` (Bereich des Achsenkreuzes) und `Scaling` (Achsenverhältnis) dienen der besseren Darstellung. Sie werden in Abschnitt 9.2.4 genauer beschrieben.

Linien können mit dem Befehl `Line2d` erzeugt werden. Der Befehl erwartet als Parameter den Anfangspunkt und den Endpunkt der Linie.

```
>> Line1 := plot::Line2d([1,2],[5,6]):
>> Line2 := plot::Line2d([5,6],[1,5]):
>> Line3 := plot::Line2d([1,5],[1,2]):
>> Line4 := plot::Line2d([-1,2],[-5,6]):
>> Line5 := plot::Line2d([-5,6],[-1,5]):
>> Line6 := plot::Line2d([-1,5],[-1,2]):
>> Line7 := plot::Line2d([-2,4],[2,4]):
>> Line8 := plot::Line2d([-2,3],[2,3]):
>> plot(Line1,Line2,Line3,Line4,Line5,Line6,
   Line7,Line8,ViewingBox=[-5..5,-2..7])
```

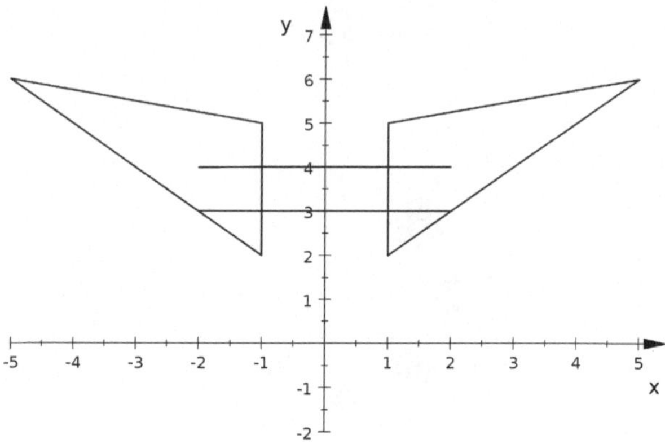

Abb. 9.2. Einige Linien.

Mittels des Befehls `Polygon2d` kann eine Liste von Punkten durch einen Linienzug verbunden werden. Als Parameter erwartet die Funktion eine Liste von Punkten.

```
>> polygon1 := plot::Polygon2d([[1,1],[2,4],
   [3,3],[4,4],[5,1],[1,1]]):
>> plot(polygon1,ViewingBox=[0..5,0..5])
```

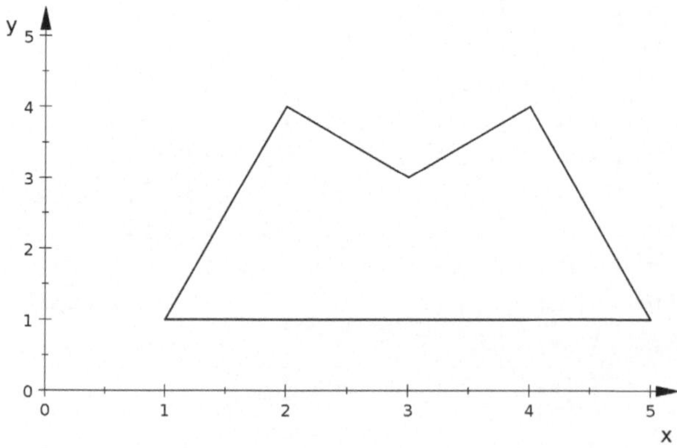

Abb. 9.3. Ein Polygon gegeben durch die Punkte $(1,1)$, $(2,4)$, $(3,3)$, $(4,4)$ und $(5,1)$.

Der Befehl `Circle2d` zeichnet einen Kreis. Er erwartet als Parameter den Radius und den Mittelpunkt. Wird kein Mittelpunkt angegeben so ist der

Ursprung im Nullpunkt. Mit der Option `Filled` kann der Kreis ausgefüllt werden.

```
>> circ := plot::Circle2d(2,Filled):
>> plot(circ,ViewingBox=[-3..3,-3..3])
```

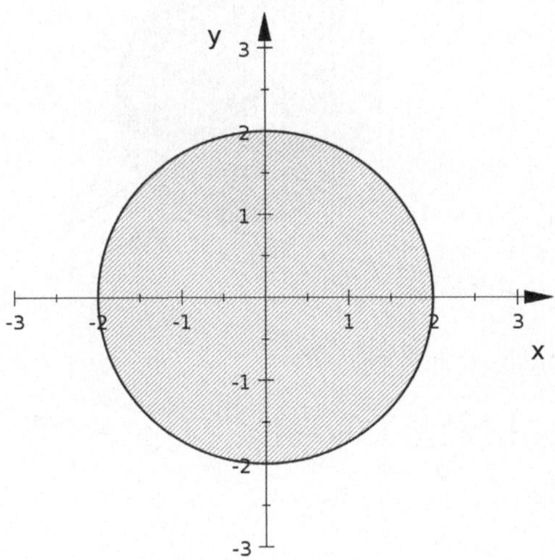

Abb. 9.4. Der Kreis mit Radius 2 um den Nullpunkt.

Im Folgenden geben wir noch ein Beispiel der 3-dimensionalen Varianten der oben besprochenen Funktionen. Die Funktionsaufrufe sind analog zu den 2-dimensionalen Varianten. In der Funktion `Circle3d` kann optional ein Vektor für den Kreismittelpunkt und ein Normalenvektor für die Ebene, in der der Kreis liegt, angegeben werden. Voreingestellt ist der Vektor $(0,0,0)$ für den Kreismittelpunkt und der Vektor $(0,0,1)$ für den Normalenvektor.

```
>> P  := plot::Point3d([1,2,3],PointSize=4):
>> L  := plot::Line3d([1,2,3],[1,1,1]):
>> C  := plot::Circle3d(1,[1,1,1],[1,1,0],Filled):
>> PG := plot::Polygon3d([[1,1,1],[2,0,0],[1,2,3]]):
>> plot(P,L,C,PG,ViewingBox=[-1..3,-1..3,-1..3])
```

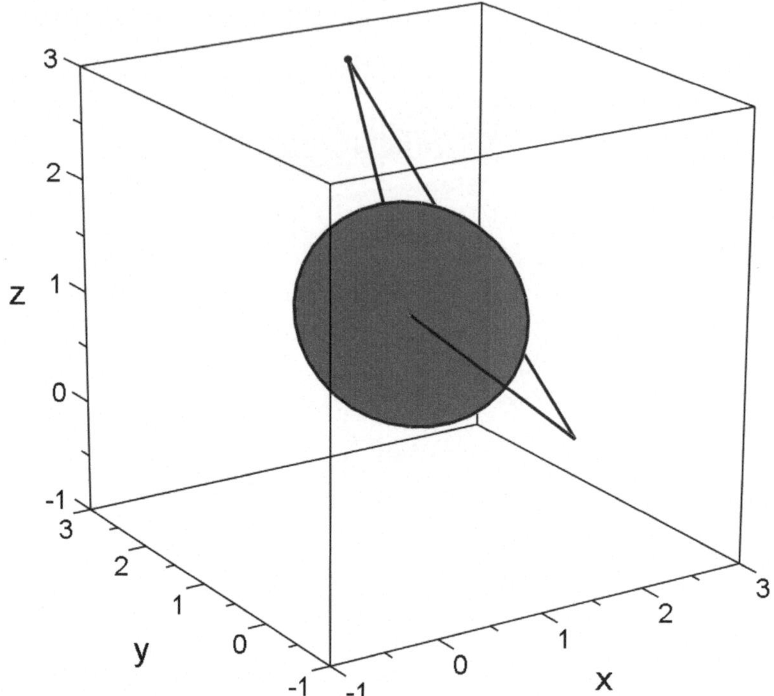

Abb. 9.5. Punkte, Linien und Kreise im 3-dimensionalen Raum.

9.2.1 Funktionsgraphen von reellwertigen Funktionen in einer Veränderlichen

Eine Ausnahme zur oben beschriebenen Vorgehensweise bilden die häufig verwendeten Funktionen zur Darstellung von Graphen von Funktionen in einer oder zwei Veränderlichen. Hierzu dienen die Befehle `plotfunc2d` und `plotfunc3d`. Im Gegensatz zu den äquivalenten Befehlen `plot::Function2d` und `plot::Function3d` werden die erzeugten Grafiken direkt, ohne die Verwendung des `plot`-Befehls, ausgegeben. Wir geben im Folgenden einige Beispiele.

Die Funktion `plotfunc2d(f(x),x=a..b)` erwartet als Eingabe einen arithmetischen Ausdruck in der Unbestimmten x und ein Intervall $a \leq x \leq b$ für den Bereich der x-Koordinate.

```
>> plotfunc2d(x^2,x=-5..5,ViewingBox=[-6..6,-11..30])
```

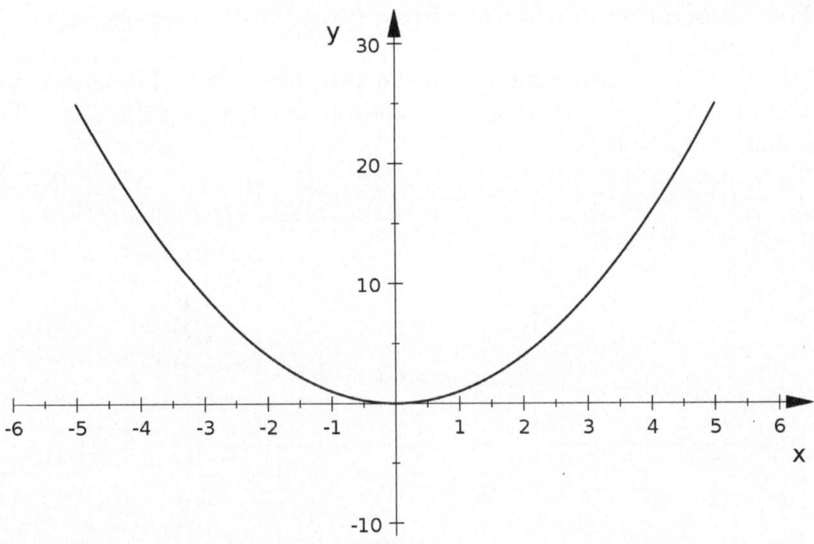

Abb. 9.6. Der Graph der Funktion x^2.

Es ist möglich mehrere Funktionen in ein Schaubild zu zeichnen. Die gewünschten Ausdrücke werden einfach als Liste im Funktionsaufruf eingegeben.

```
>> plotfunc2d(x^2,1/2*x^2,(x-3)^2+5,x=-5..5)
```

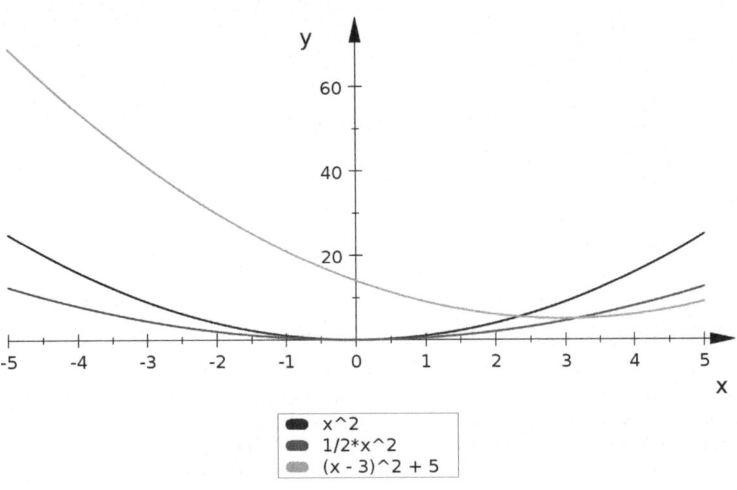

Abb. 9.7. Die Graphen der Funktionen x^2, $\frac{1}{2}x^2$ und $(x-3)^2 + 5$.

Die Funktionsgraphen erhalten automatisch verschiedene Farben, und es wird eine Legende erzeugt.

Funktionenscharen, also Funktionen, die sich durch einen Parameter unterscheiden, können animiert dargestellt werden. Der Parameter a dient hierbei als Animationsparameter.

```
>> plotfunc2d(a*x^2,x=-5..5,a=-10..10)
```

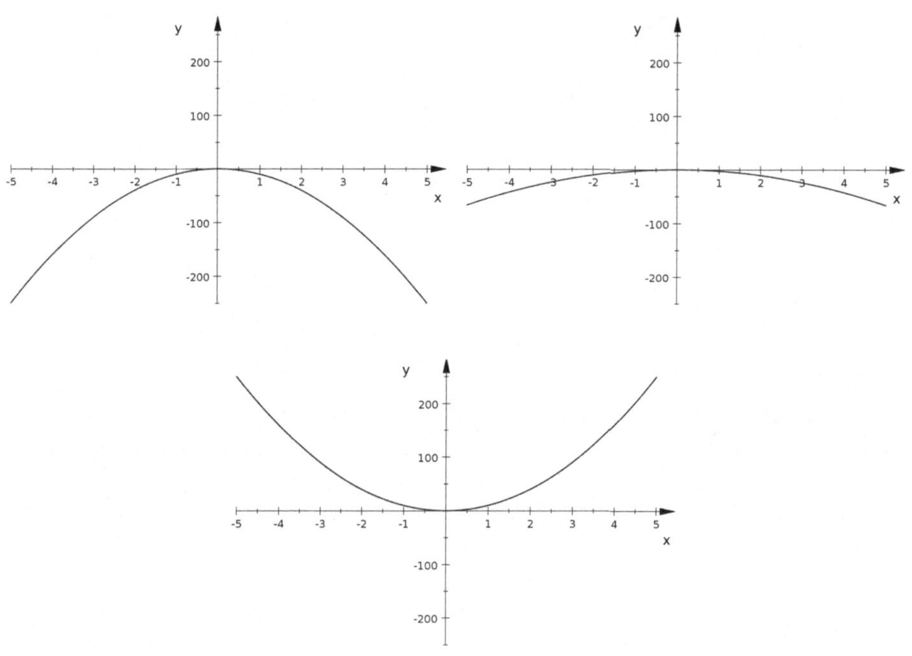

Abb. 9.8. Einige Bilder der animierten Sequenz der Funktionenschar ax^2.

9.2.2 Funktionsgraphen von reellen Funktionen in zwei Veränderlichen

Funktionsgraphen von Funktionen in zwei Veränderlichen könnnen mit Hilfe von `plotfunc3d(f(x,y),x=a..b,y=c..d)` dargestellt werden. Der Befehl erwartet als Argument einen arithmetischen Ausdruck in zwei Veränderlichen und Bereiche $a \le x \le b$ und $c \le y \le d$ für die beiden Veränderlichen.

```
>> plotfunc3d(sin(x)+cos(y),x=0..2*PI,y=0..2*PI)
```

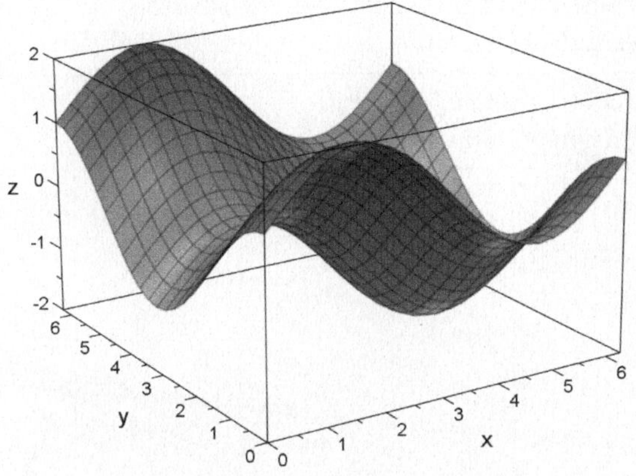

Abb. 9.9. Das Schaubild der Funktion $\sin(x) + \cos(x)$.

Eine weitere Beschreibung einer Funktion in zwei Veränderlichen erhält man durch die Angabe von Höhenlinien. Hierzu benötigt man die grafische Funktion `Implicit2d`. Der Befehl erwartet einen arithmetischen Ausdruck in zwei Variablen, einen Bereich für die Variablen und außerdem eine Liste der gewünschten Konturlinien, die an die Option `Contours` übergeben wird. Wir veranschaulichen den Befehl am obigen Beispiel. Man beachte, dass der Befehl sehr rechenaufwändig ist!

```
>> plot(plot::Implicit2d(sin(x)+cos(y),
   x=-10..10,y=-10..10,Contours=[c*0.2 $ c=0..10]))
```

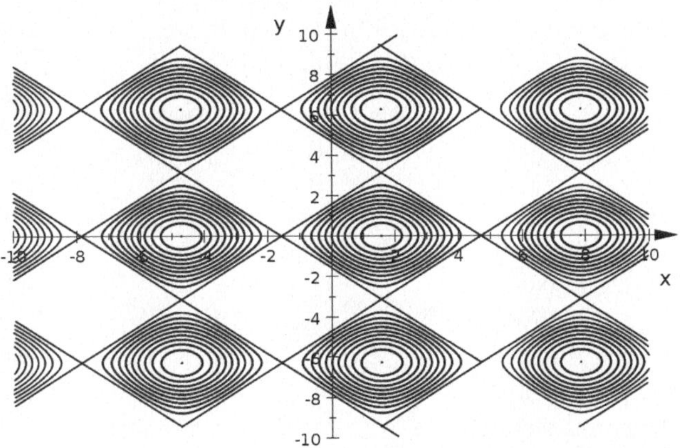

Abb. 9.10. Konturlinien der Funktion $\sin(x) + \cos(x)$.

Analog zum Befehl `plotfunc2d` ist die Darstellung mehrerer Funktionsgraphen in zwei Veränderlichen in einer Abbildung möglich.

```
>> plotfunc3d(Re(sin(x+I*y)),Im(sin(x+I*y)),
   abs(sin(x+I*y)),x=-PI..PI,y=-PI..PI)
```

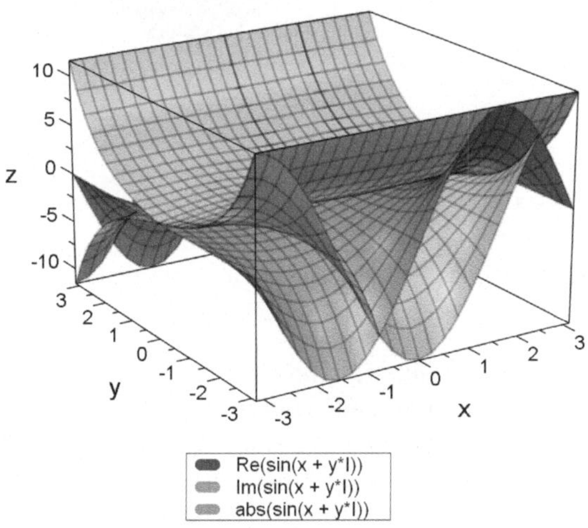

Abb. 9.11. Die Schaubilder der Funktionen $\mathrm{Re}(\sin(z))$, $\mathrm{Im}(\sin(z))$ und $|\sin(z)|$ für $z = x + iy$, $-\pi \le x \le \pi$ und $-\pi \le y \le \pi$.

Funktionsgraphen können analog zum zweidimensionalen Fall animiert werden. Dazu müssen die Ausdrücke nur von einer dritten Größe, dem Parameter, abhängen. Gibt man einen Bereich für diesen Parameter an, wählt MuPAD selbständig eine Sequenz von Bildern aus. Die Eingabe

```
>> plotfunc3d(cos(j^0.5*PI*exp(-x^2-y^2)),
   x=-1..1,y=-1..1,j=1..30,Mesh=[40,40])
```

erzeugt eine Animation bestehend aus einer Sequenz von Bildern mit verschiedenen $j \in [1, 30]$. Für einige j wird die Funktion

$$f(x,y) = \cos\left(j^{\frac{1}{2}}\pi\exp(-x^2 - y^2)\right)$$

auf der Menge $[-1, 1] \times [-1, 1]$ geplottet. Dabei werden in beide Richtungen jeweils 40 Gitterpunkte zur Erstellung der Plots verwendet. In Abbildung 9.12 sieht man die Grafiken für $j = 1, 10, 30$.

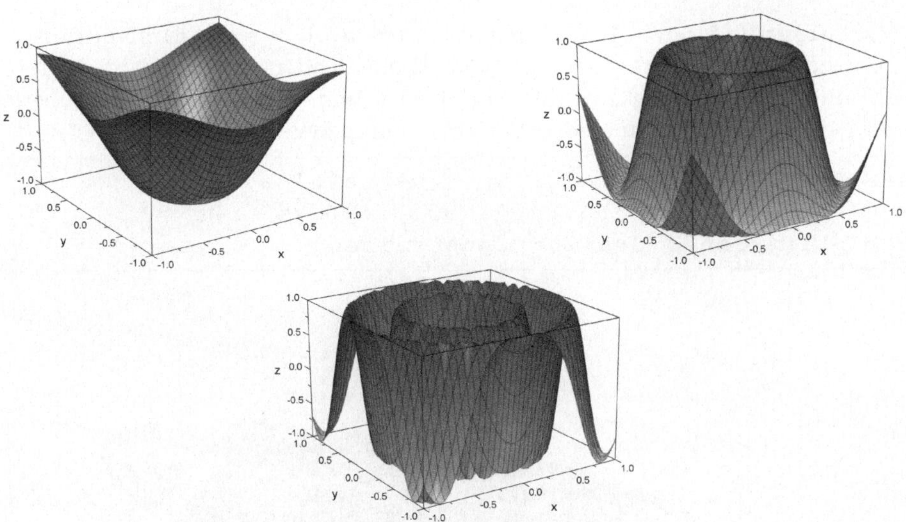

Abb. 9.12. Schaubilder der Funktion $\cos\left(j^{\frac{1}{2}}\pi\exp(-x^2-y^2)\right)$ für $j=1,10,30$.

Mit dem Befehl `plot::Curve3d([x(t),y(t),z(t)],t=a..b)` können parametrisierte Kurven im $\mathbb{R}^3$ dargestellt werden. Die Funktion erwartet als Parameter die arithmetischen Ausdrücke `x(t),y(t),z(t)` in Form einer Liste und einen Bereich für die Variable `t`. Ein Beispiel einer ebenen Kurve findet sich in Abschnitt 9.3.

```
>> gr := plot::Curve3d([1/t*sin(t),1/t*cos(t),t],
   t=0..20*PI,Mesh=500,LineWidth=1): plot(gr)
```

Mit Hilfe der Option `Mesh` wurde die Anzahl der Stützstellen erhöht und mit `LineWidth` kann die Linienbreite variiert werden. Durch die Verwendung eines weiteren Parameters kann die Kurve auch animiert werden.

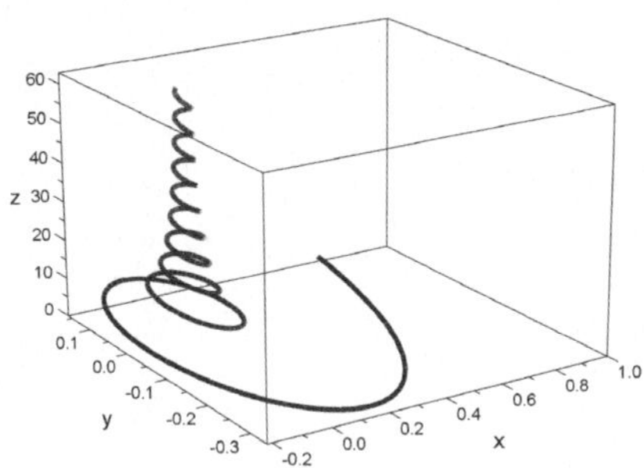

Abb. 9.13. Die Kurve zu $x(t)=\frac{1}{t}\sin(t)$, $y(t)=\frac{1}{t}\cos(t)$ und $z(t)=t$.

Mit `Surface([f(u,v),g(u,v),h(u,v)],u = a..b,v = c..d)` können parametrisierte Flächen realisiert werden. Hierbei sind `f(u,v)`, `g(u,v)`, `h(u,v)` arithmetische Ausdrücke in den Variablen u und v. Als weiterer Parameter wird ein Bereich für die beiden Variablen angegeben.

```
>> grafik := plot::Surface([u*cos(u)*sin(v),
 v*sin(u)*sin(v),cos(v)],u=0..2*PI,v=0..PI):
>> plot(grafik,Scaling=Constrained)
```

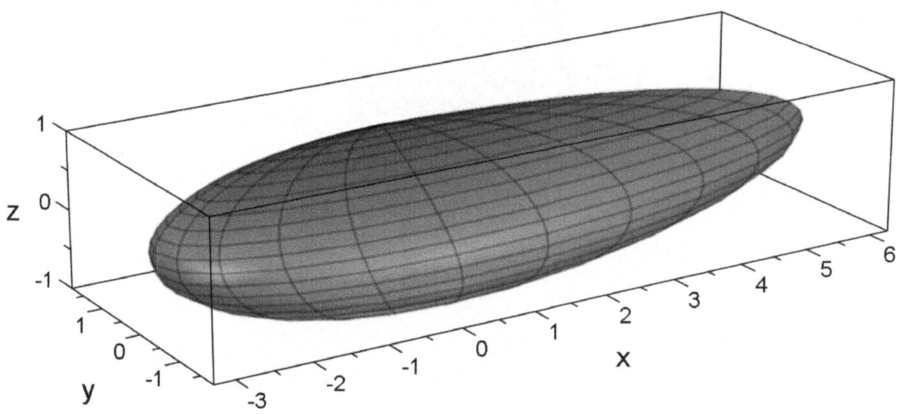

Abb. 9.14. Die parametrisierte Fläche zu $f(u,v) = u\cos(u)\sin(v)$, $g(u,v) = v\sin(u)\sin(v)$ und $h(u,v) = \cos(v)$.

9.2.3 `plot::Function2d` versus `plotfunc2d`

Wie bereits erwähnt, leistet der Befehl `Function2d` aus der Systembibliothek `plot` im Wesentlichen das Gleiche wie die bereits betrachtete Funktion `plotfunc2d`. Allerdings wird keine Grafik ausgegeben, sondern es wird ein Grafikobjekt erzeugt, das dann einer Variablen zugewiesen werden kann.

```
>> graphik := plot::Function2d(x^2,x=-5..5):
>> type(graphik)
      "plotObject"
>> plot(graphik)
```

Die Ausgabe entspricht der Abbildung 9.6. Analoges gilt für die Funktion `plot::Function3d`.

9.2.4 Optionen grafischer Szenen

Allen Grafikbefehlen können optionale Parameter (sogenannte Attribute) übergeben werden. Diese hängen natürlich im Einzelnen von der verwendeten Grafikfunktion ab. Beispielsweise macht es keinen Sinn eine Linie auszufüllen. Wird eine Option an den abschließenden `plot`-Befehl übergeben, so wird dieser, soweit möglich, an alle in der grafischen Szene verwendeten Befehle übergeben. Dies kann unter Umständen zu unerwünschten Effekten führen. Sinnvoll ist es jedoch oft für den `plot`-Befehl eine `ViewingBox` anzugeben, die den Bereich des zu zeichnenden Gebiets vorgibt. Dies ist deshalb sinnvoll, da sich die Größe des gezeichneten Gebiets ansonsten automatisch an die Größe und Lage der einzelnen Grafiken anpasst und diese dann oftmals ein wenig unschön am „Rand" liegen.

Im Folgenden stellen wir einige häufig verwendete Optionen zusammen:

`ViewingBox`: Wie bereits erwähnt, steuert dieser optionale Parameter den dargestellten Bereich des Koordinatensystems. Mittels der Eingabe `ViewingBox=[x1..x2,y1..y2]` für 2D-Grafiken, beziehungsweise `ViewingBox=[x1..x2,y1..y2,z1..z2]` für 3D-Grafiken wird das Koordinatensystem auf den entprechenden Bereich $x1 \leq x \leq x2$, $y1 \leq y \leq y2$ und $z1 \leq z \leq z2$ skaliert. Für die Eingabe von $x1,\dots,z2$ ist auch der Wert `Automatic` möglich. Dieser Wert richtet sich dann selbständig an der Größe der darzustellenden Grafiken aus. Durch die Verwendung der Option `AffectViewingBox=FAlSE/TRUE` und der Angabe eines eigenen `ViewingBox`-Parameters in den einzelnen Grafikfunktionen kann die Größe des automatisch dargestellten Bereichs ebenfalls manipuliert werden. Der im `plot`-Befehl angegebene Wert hat hierbei eine höhere Priorität als die Werte in den einzelnen Erzeugungsroutinen. Neben dem Parameter `ViewingBox` gibt es zur Feinjustierung noch die verwandten Befehle `ViewingBoxXMax`, `ViewingBoxXMin`, `ViewingBoxXRange` und ihre Y, bzw. Z-Pendants, die alternativ verwendet werden können.

`Color`: Mit Hilfe dieses optionalen Parameters können Grafiken verschiedene Farben zugewiesen werden. Beispielsweise führt die Auswahl der Option `Color=RGB::Green` zur Verwendung eines grünen Farbtons. Die Farben werden im Rot-Grün-Blau-Schema (RGB) kodiert. Insbesondere sind neben den Standardwerten `RGB::Red`, `RGB::Green`, `RGB::Blue`, `RGB::Black` und `RGB::White` auch Zwischentöne möglich. Diese werden dann duch `RGB::toHSV([r,g,b])` festgelegt. Hierbei sind r, g, b Werte zwischen null und eins. Neben den Grundtönen gibt es noch viele weitere vordefinierte Farbtöne. Beispielsweise können alle blauen Farbtöne mit Hilfe des Befehls `RGB::plotColorPalette(Blue)` ausgegeben werden. Verwandte Optionen sind `PointColor`, `LineColor` und `LineColor2`.

`Scaling`: Mittels des optionalen Parameters `Scaling=Constrained` beziehungsweise `Scaling=Unconstrained` kann das Verhältnis der einzelnen Koordinatenachsen gesteuert werden. Bei Verwendung von `Constrained` sind die Achsen gleich skaliert. Dies ist nützlich um ungewünschte Verzerrungen zu vermeiden. Voreingestellt ist `Unconstrained`.

`Mesh`: Viele grafische Ausgaben verwenden zur Darstellung numerische Verfahren, deren Genauigkeit von der Anzahl der verwendeten Stützstellen abhängt. Dies kann mit dem optionalen Parameter `Mesh=n` für 1-dimensionale Parametrisierungen und `Mesh=[n,m]` für 2-dimensionale Parametrisierungen gesteuert werden. Verwandte Parameter zur weiteren Feinjustierung sind `UMesh`, `VMesh`, `XMesh`, `YMesh` und `ZMesh`. Oftmals ist es sinnvoll an bestimmten „kritischen" Stellen die Anzahl der Stützstellen zu erhöhen. Mit `AdaptiveMesh=n`, `n=0,1,2,3,4`, kann dies gesteuert werden. Mit dem Parameter `PointsVisible=TRUE` lassen sich die Stützstellen zusätzlich grafisch darstellen.

`PointStyle`: Der optionale Parameter `PointStyle=Style` steuert die Darstellung von Punkten. Mögliche Werte für `Style` sind `FilledCircles`, `Circles`, `Crosses`, `XCrosses`, `Stars`, `FilledDiamonds`, `FilledSquares`, `Diamonds` und `Squares`. Voreingestellt ist `FilledCircles`.

`LineStyle`: Der optionale Parameter `LineStyle` steuert die Darstellung von Linien. Möglich sind die Werte `LineStyle=Dashed`, `LineStyle=Solid` oder `LineStyle=Dotted`. Voreingestellt ist `Solid`.

`PointSize/LineWidth`: Für einige Grafiken ist es nützlich die voreingestellte Dicke der Linien und die Größe der Punkte zu verändern. Mit den optionalen Parametern `PointSize=n` und `LineWidth=n` können diese Größen auf n mm eingestellt werden. Weitere verwandte Optionen sind `AxesLineWidth` und `GridLineWidth`.

`Grid`: Mittels `GridVisible=TRUE` lassen sich Gitterlinien darstellen. Weitere Gitterlinien können mit der Option `SubgridVisible=TRUE` aktiviert werden. Es ist auch möglich nur Gitterlinien in einzelnen Koordinatenrichtungen auszuwählen. Dies lässt sich mit den Parametern `XGridVisible`, `XSubgridVisible`, `YGridVisible`, `YSubgridVisible`, `ZGridVisible` und `ZSubgridVisible` steuern.

`Legend`: Mit Hilfe des optionalen Parameters `Legend="Text"` kann eine Legende zu einer grafischen Szene erzeugt werden. Bei den grafischen Befehlen `plotfunction2d` und `plotfunction3d` ist die Legende immer aktiviert. Einstellungen sind mit den optinalen Parametern `LegendAlignment`, `LegendEntry`, `LegendPlacement`, `LegendText` und `LegendVisible` möglich. Zur Auswahl der gewünschten Schrift kann die Option `LegendFont` verwendet werden.

`Title`: Durch den optionalen Parameter `Title="Text"` können Grafiken beschriftet werden. Zur genaueren Positionierung dient der weitere Parameter `TitlePosition=[x,y]` für 2-dimensionale Grafiken und für 3-dimensionale Abbildungen `TitlePosition=[x,y,z]`. Zusätzlich kann die Position des Texts relativ zu seiner Position mit dem zusätzlichen Parameter `TitleAlignment` justiert werden. Zur Auswahl der gewünschten Schrift kann die Option `TextFont` verwendet werden.

Header/Footer: Grafiken lassen sich mit Hilfe der Option Header="Text" mit einer Überschrift und mit Hilfe des Parameters Footer="Text" mit einer Unterschrift versehen. Positionierung und Schriftauswahl können mit den Parametern HeaderFont, FooterFont, HeaderAlignment und FooterAlignment beeinflusst werden.

BorderWidth/BorderColor: Mit Hilfe des Parameters BorderWidth=n kann ein Rahmen mit n mm Strichstärke um eine Grafik erzeugt werden. Defaultwert ist 0, d.h. es wird kein Rahmen erzeugt. Durch den Parameter BorderColor kann zusätzlich eine Farbe ausgewählt werden. Voreingestellt ist ein Grauton.

9.2.5 Grafische Szenen

Oftmals ist es wünschenswert mehrere verschiedene Grafiken als Gruppe innerhalb einer Grafik zusammenzufassen. Für MuPAD wurde aus diesem Grund der Befehl plot::Scene2d bzw. plot::Scene3d entwickelt. Mit seiner Hilfe lassen sich Grafikobjekte erzeugen, die dann mit Hilfe des plot-Befehls in einer gemeinsamen Grafik ausgegeben werden können.

Im folgenden Beispiel veranschaulichen wir uns die Funktionalgleichung der Gammafunktion:

$$\Gamma(t)\Gamma(1-t) = \frac{\pi}{\sin(\pi t)}.$$

```
>> graphik1 := plot::Scene2d(plot::Function2d(
   gamma(t),ViewingBox=[-5..5,-10..10],t=-5..5),
   Header="Gamma(t)"):
>> graphik2 := plot::Scene2d(plot::Function2d(
   gamma(1-t),t=-5..5,ViewingBox=[-5..5,-10..10]),
   Header="Gamma(1-t)"):
>> graphik3 := plot::Scene2d(plot::Function2d(
   gamma(t)*gamma(1-t),Footer="Gamma(t)*Gamma(1-t)",
   t=-5..5,ViewingBox=[-5..5,-10..10])):
>> graphik4 := plot::Scene2d(plot::Function2d(
   PI/(sin(PI*t)),t=-5..5,ViewingBox=[-5..5,-10..10]),
   Footer="PI/sin(PI*t)"):
>> plot(graphik1,graphik2,graphik3,graphik4,
   BorderWidth=0.5)
```

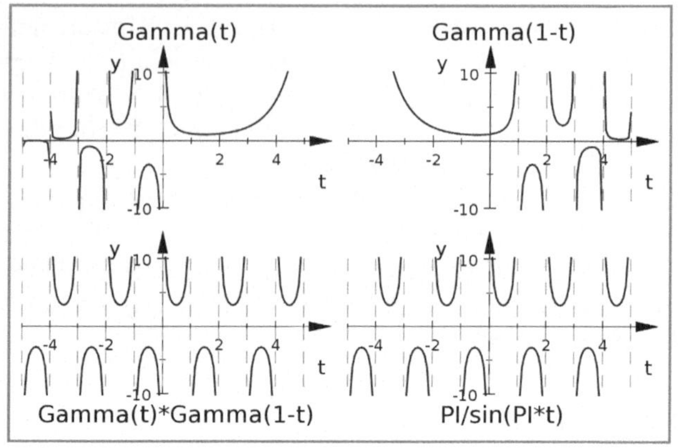

Abb. 9.15. Beispiel einer grafischen Szene.

9.2.6 Interaktive Manipulation und Abspeichern von Grafiken

Innerhalb des MuPAD-Notebooks lassen sich bereits erzeugte Grafiken interaktiv manipulieren. Wird eine Grafik angeklickt, schaltet MuPAD in den „Grafikmodus". Es erscheint eine neue Menüzeile und eine neue Seitenleiste, der sogenannte Objekt-Browser (vgl. Abbildung 9.16).

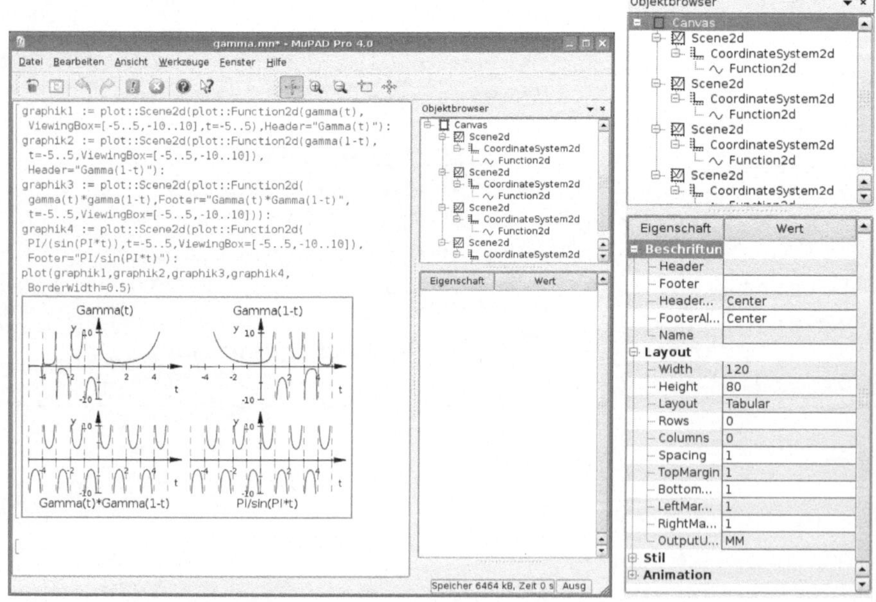

Abb. 9.16. Ansicht des MuPAD-Notebooks bei der Manipulation einer Grafik.

Mit Hilfe der Buttons in der Menüzeile und von Mausinteraktion auf der Grafik lassen sich elementare Veränderungen der Grafik bewerkstelligen. Zum Beispiel sind Vergrößerungen, Verkleinerungen, Verschiebungen und Drehungen möglich. Leider lässt sich in der hier beschriebenen MuPAD-Version die Gesamtgröße der Grafik nur umständlich verändern, auch ein eigenes Grafikfenster ist nicht vorgesehen. Bei animierten Grafiken erscheinen zusätzliche Buttons mit denen sich die Animation starten, stoppen und zurücksetzen lässt. Der Objekt-Browser auf der rechten Seite des Notebooks erzeugt eine detaillierte Beschreibung der Grafik. Mittels einer Baumstruktur kann auf die einzelnen Grafiken der gesamten grafischen Szene zugegriffen werden. Hier sind dann Manipulationen der einzelnen optionalen Parameter der Grafikfunktionen möglich.

Zum Abspeichern der Grafik muss sie aktiviert sein. Im Pulldownmenü ´Datei´ erscheint dann (und nur dann) als weiterer Eintrag ´Grafik exportieren´. Mit Hilfe von interaktiven Dialogmenüs ist das Abspeichern der Grafik dann möglich. In der derzeitigen MuPAD-Version 4.0 Pro werden die folgenden Formate unterstützt: `png`, `gif`, `bmp`, `eps`, `jvd`, `jvx`, `svg`, `xvc`, `xvz`, `jpeg`.

Abb. 9.17. Abspeichern von Grafiken.

9.3 Aufwändigere grafische Szenen

9.3.1 Grafische Suche von Nullstellen

Wir betrachten einen Kreis B_r um 0 mit Radius r in der komplexen Ebene $\mathbb{C}$ und ein Polynom $f(z) = \sum a_n z^n$ von Grad $d > 0$. Das Bild des Kreises B_r unter dem Polynom f beschreibt dann eine geschlossene Kurve γ_r. Aus der Funktionentheorie ist bekannt, dass die Anzahl der Umläufe der Kurve γ_r um den Nullpunkt der Anzahl der innerhalb des Kreises B_r liegenden Nullstellen von f entspricht (siehe [7], III, §7, Folgerung 7.5).

Mit dem Befehl `plot::Curve2d([x(t),y(t)],t=a..b)` können wir diesen Sachverhalt grafisch veranschaulichen. Wir parametrisieren hierzu einen Kreis mit Radius r durch Polarkoordinaten $z = re^{it}$ für $0 \leq t \leq 2\pi$ und erhalten für das Bild des Kreises bezüglich der Funktion f die Parametrisierung

$$x(t) = \mathrm{Re}(f(r\exp(it))), \; y(t) = \mathrm{Im}(f(r\exp(it))) \quad \text{für } 0 \leq t \leq 2\pi.$$

Mittels des Befehls `numeric::solve(f(z)=0)` ermitteln wir näherungsweise die Nullstellen von f und erzeugen die zugehörigen Grafikobjekte mit `plot::Point2d`. Schließlich wählen wir den Radius r als Animationsparameter.

```
>> f   := z -> z^3+z^2-z:
>> graphik := plot::Curve2d([Re(f(r*exp(I*t))),
   Im(f(r*exp(I*t)))],t=0..2*PI,r=0..1.8):
>> kreis  := plot::Curve2d([Re(r*exp(I*t)),
   Im(r*exp(I*t))],t=0..2*PI,r=0..1.8,Color=RGB::Red):
>> Z   := numeric::solve(f(z)=0):
>> N1  := Z[1][1][2]:
>> N2  := Z[2][1][2]:
>> N3  := Z[3][1][2]:
>> P1  := plot::Point2d([Re(N1),Im(N1)],PointSize=2):
>> P2  := plot::Point2d([Re(N2),Im(N2)],PointSize=2):
>> P3  := plot::Point2d([Re(N3),Im(N3)],PointSize=2):
>> plot(graphik,kreis,P1,P2,P3,Scaling=Constrained,
   LineWidth=0.5)
```

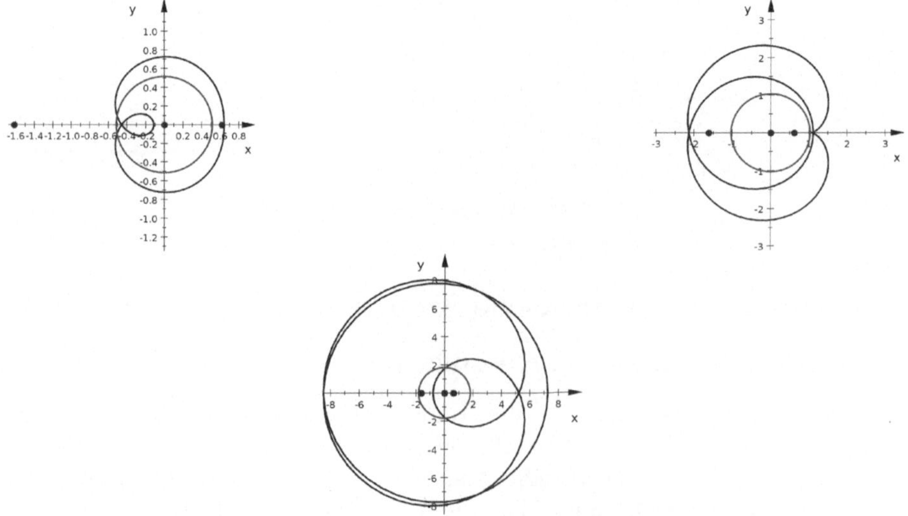

Abb. 9.18. Bilder der animierten Sequenz für $r = 0.5$, $r = 1.0$ und $r = 1.8$.

Mit wachsendem r windet sich γ_r zunächst einmal, dann zweimal und schließlich dreimal um den Nullpunkt.

9.4 Grafische Darstellung von Differentialgleichungen und Vektorfeldern

9.4.1 Vektorfelder

In MuPAD lassen sich auf sehr einfache Art 2- und 3-dimensionale reellwertige Vektorfelder visualisieren. Mit Hilfe des grafischen Befehls
`plot::VectorField2d([f(x,y),g(x,y)],x=a..b,y=c..d)` aus der Systembibliothek `plot` wird das Vektorfeld gegeben durch die beiden arithmetischen Ausdrücke `f(x,y)` und `g(x,y)` im angegebenen Bereich der beiden Variablen `x` und `y` visualisiert.

```
>> field := plot::VectorField2d([x,y^(-1)],
   x=-5..5,y=-5..5):
>> plot(field)
```

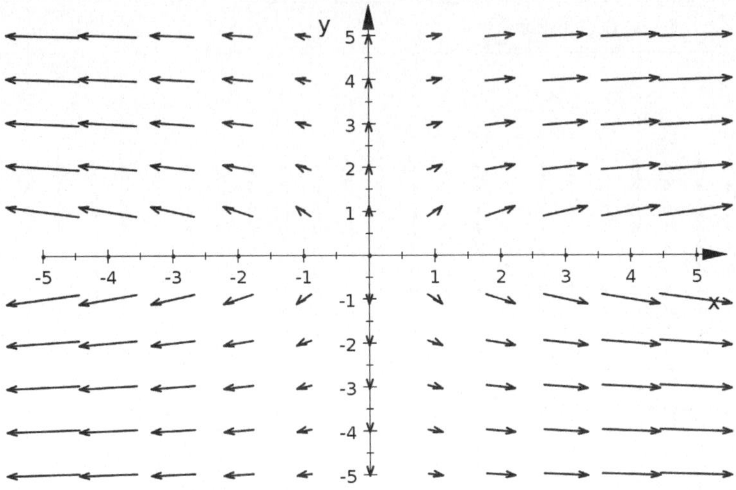

Abb. 9.19. Das Vektorfeld (x, y^{-1}).

Analog können mit dem Befehl `plot::VectorField3d` 3-dimensionale Vektorfelder dargestellt werden.

9.4.2 Vektorfelder und Integralkurven

Wir betrachten das Vektorfeld gegeben duch die Funktion

$$f : \mathbb{R}^2 \to \mathbb{R}^2, \quad f(x,y) \mapsto (1,y).$$

Eine *Integralkurve* für dieses Vektorfeld ist eine Funktion
$F = (F_1, F_2) : \mathbb{R} \to \mathbb{R}^2$ mit der Eigenschaft

$$\frac{\partial F}{\partial t} = f \circ F.$$

Wir erhalten die Differentialgleichungen

$$\frac{\partial F_1}{\partial t}(t) = 1, \quad \frac{\partial F_2}{\partial t}(t) = F_2(t).$$

Legen wir zusätzlich die „Anfangsbedingung" $F(0) = (0,1)$ fest, dann erhalten
wir $F_1(t) = t$ und $F_2(t) = e^t$. Mit Hilfe von MuPAD können wir uns ein
grafisches Bild des Vektorfeldes und der Integralkurve darstellen lassen.

```
>> field := plot::VectorField2d([1,y],x=-5..5,
 y=-5..5,Mesh=[25,25]):
>> curve := plot::Function2d(exp(x),x=-5..ln(5),
 LineColor=RGB::Red,LineWidth=0.5):
>> plot(field,curve)
```

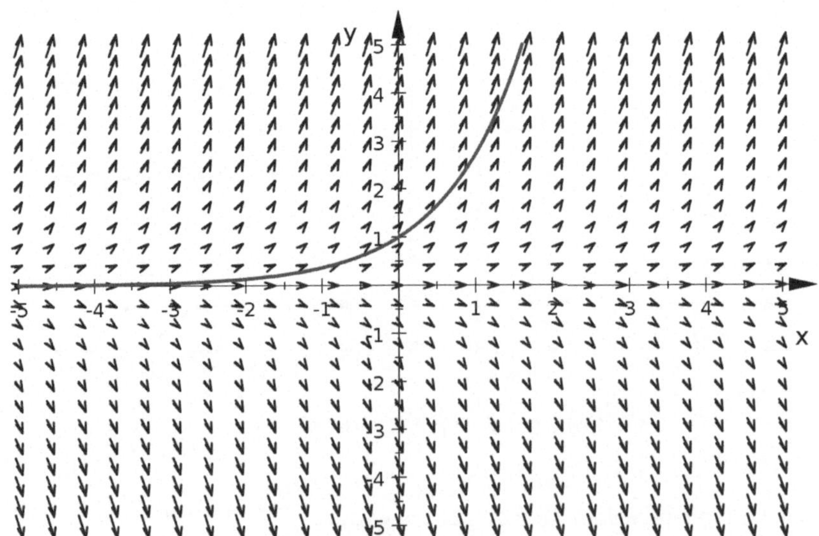

Abb. 9.20. Das Vektorfeld $(1,y)$ und die Exponentialfunktion.

Ein wenig allgemeiner lassen sich auch Integralkurven für Vektorfelder der Form $f(x, y) = (ax + by, cx + dy)$ mit reellen Koeffizienten $a, b, c, d \in \mathbb{R}$ gewinnen. Wir betrachten exemplarisch den Fall $a = d = 0$, $b = -1$, $c = 1$ (Eine Diskussion der möglichen Fälle findet sich in [15], Seite 5–6).

Wie in den obigen Beispielen erzeugen wir zunächst das grafische Objekt des Vektorfelds mittels des Befehls VectorField2d. Um die Integralkurve $y(t) = (y_1(t), y_2(t))$ zu berechnen, bestimmen wir ein System von Differentialgleichungen und Anfangswerten und weisen es der Variablen IVP zu. In der Variablen Var werden die „unbestimmten" Funktionen festgelegt (Im Allgemeinen müssen hier alle in der DGL auftretenden Funktionen und deren Ableitungen ausschließlich der höchsten Ableitungen definiert werden). Schließlich wird durch den Funktionsaufruf numeric::ode2vectorfield(IVP,Var) die Variable G definiert, die dann als Eingabe der Lösungsfunktion für Differentialgleichungen numeric::odesolve2 dient. Diese berechnet die Lösungskurve mit der in der Variablen IVP definierten Anfangsbedingung $y(0) = (0, 1)$ und übergibt das Ergebnis an die Variable solution. Der Grafikbefehl plot::Curve2d erzeugt nun das grafische Objekt der Kurve im Bereich von $t \in [0, 2\pi]$, bzw. $t \in [0, 100 \cdot 2\pi]$. Wir verwenden die Funktion plot::Scene2d damit beide Grafiken parallel betrachtet werden können. Mit dem plot-Befehl werden die Grafiken schließlich ausgegeben.

Beim Erstellen der zweiten Grafik wurde die Anzahl der Stützpunkte auf 10000 erhöht (Mesh=10000). Trotzdem erkennt man leichte Rundungsfehler.

```
>> a:=0:  b:=-1:  c:=1:  d:=0:
>> Field := plot::VectorField2d([a*x+b*y,c*x+d*y],
 x=-1.5..1.5,y=-1.5..1.5,Mesh=[25,25]):
>> IVP := {a*u(t)+b*v(t)=u'(t),c*u(t)+d*v(t)=v'(t),
 u(0)=0,v(0)=1}:
>> Var := [u(t),v(t)]:
>> G := numeric::ode2vectorfield(IVP,Var):
>> solution := numeric::odesolve2(G):
>> Curve1 := plot::Curve2d([solution(t)[1],
 solution(t)[2]],t=0..2*PI,Color=RGB::Red,
 LineWidth=0.3):
>> Curve2 := plot::Curve2d([solution(t)[1],
 solution(t)[2]],t=0..100*2*PI,Color=RGB::Red,
 LineWidth=0.3,Mesh=10000):
>> grafik1 := plot::Scene2d(Curve1,Field,
 Header="Ein Umlauf"):
>> grafik2 := plot::Scene2d(Curve2,Field,
 Header="100 Umläufe"):
>> plot(grafik1,grafik2,Scaling=Constrained)
```

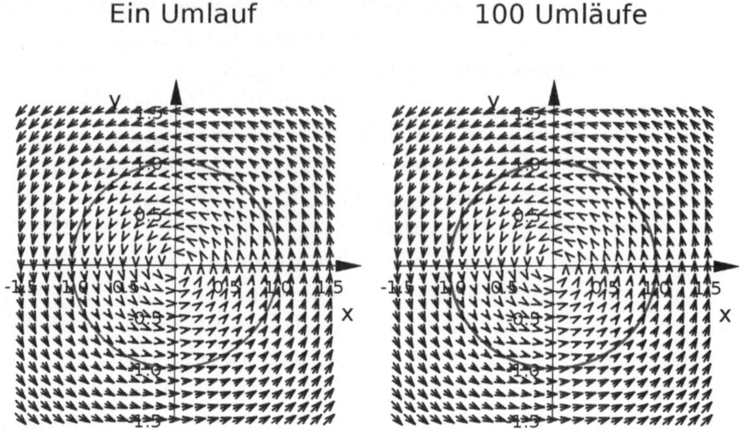

Abb. 9.21. Das Vektorfeld $(-y, x)$ und die Integralkurve zu der Anfangsbedingung $(0, 1)$ mit einem Umlauf und mit 100 Umläufen.

Analog lassen sich 3-dimensionale Vektorfelder und zugehörige Lösungskurven darstellen. Zum Abschluss des Kapitels geben wir hierzu noch ein Beispiel. Es werden Lösungskurven für verschiedene Anfangswerte erzeugt. Der besseren Übersichtlichkeit halber werden die benötigten Schritte deshalb als Prozedur realisiert (vgl. Kapitel 10). Allerdings sei auf den hohen Rechenaufwand, den die Berechnung verursacht, hingewiesen.

```
>> A := matrix(3,3,[[0,1,0],[-1,0,0],[0,0,-0.5]]):
>> AP := matrix([0,0,2]): DIGITS := 2:
>> normalform := proc(A,AP)
 local Folge,IVP,Var,G;
 begin
  Folge := null();
  Vectorfield := plot::VectorField3d(
   [A[1,1]*x+A[1,2]*y+A[1,3]*z,
   A[2,1]*x+A[2,2]*y+A[2,3]*z,
   A[3,1]*x+A[3,2]*y+A[3,3]*z],
   x=-3..3,y=-3..3,z=-3..3,Mesh=[8,8,8]);
  for i from -1 to 1 do
   for j from -1 to 1 do
    for k from -1 to 1 do
     IVP := {A[1,1]*u(t)+A[1,2]*v(t)+A[1,3]*w(t)=u'(t),
      A[2,1]*u(t)+A[2,2]*v(t)+A[2,3]*w(t)=v'(t),
      A[3,1]*u(t)+A[3,2]*v(t)+A[3,3]*w(t)=w'(t),
      u(0)=i,v(0)=j,w(0)=k};
     Var:=[u(t),v(t),w(t)];
```

```
      G := numeric::ode2vectorfield(IVP,Var);
      solution.i.j.k := numeric::odesolve2(G);
      curve := plot::Curve3d([(solution.i.j.k)(t)[1],
        (solution.i.j.k)(t)[2],(solution.i.j.k)(t)[3]],
        t=-5..5,LineColor=RGB::Red,LineWidth=1,
        Scaling=Constrained,ViewingBox=[-3..3,-3..3,-3..3]);
      Folge := Folge,curve;
    end_for;
   end_for;
  end_for;
  return(Folge,Vectorfield);
 end_proc:
>> X := normalform(A,AP):
>> plot(X)
```

Nach einer kleineren Wartezeit erscheint die folgende Ausgabe:

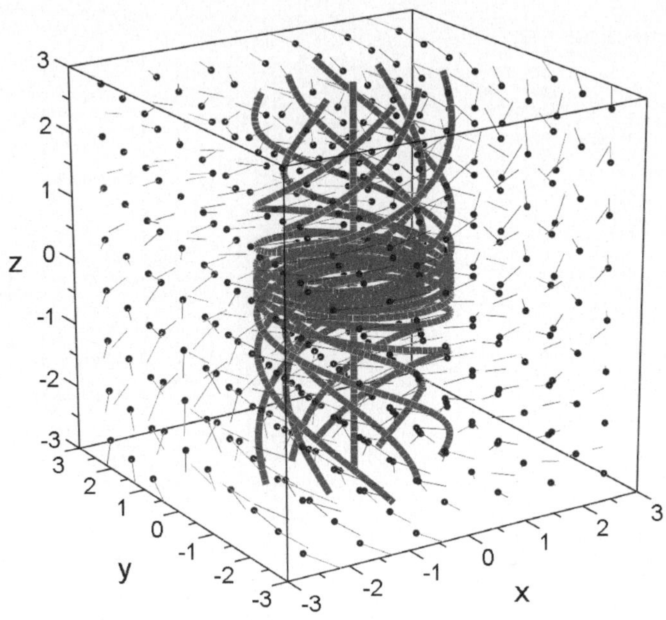

Abb. 9.22. 3-dimensionales Vektorfeld mit ausgewählten Lösungskurven.

Einführung in die Programmierung

Wie alle gebräuchlichen CAS kann man MuPAD nicht nur interaktiv über das
Notebook benutzen, sondern es ist auch möglich, eigene Routinen zu programmieren. MuPAD ist eine vollständige Programmiersprache mit allen üblichen
Konstrukten wie Schleifen, Fallunterscheidungen oder Routinen für Ein- und
Ausgaben.

Wir werden in diesem Kapitel eine kurze, relativ straffe Einführung in die
wichtigsten Konzepte geben, die mit der Programmierung eigener Prozeduren
in MuPAD verbunden sind.

In Kapitel 4.3 haben wir bereits das Konstrukt -> für Funktionen kennengelernt. Eine *Prozedur* ist im Prinzip nichts anderes. Auch Prozeduren haben
Eingabe- und Rückgabeparameter und sind vom Datentyp DOM_PROC. Der Unterschied besteht darin, dass durch dieses Konstrukt wesentlich kompliziertere
Funktionen geschrieben werden können. Darüber hinaus verfügt die Nutzerin
bzw. der Nutzer über zusätzliche Möglichkeiten: Es können lokale Variablen
definiert werden, die ihre Gültigkeit nach Beenden der Prozedur verlieren, und
es können beliebig viele MuPAD-Befehle in der Prozedur-Umgebung aneinandergereiht werden. Prozeduren in MuPAD erkennt man an den Schlüsselwörtern proc(...) und end_proc.

10.1 Ein erstes Beispiel

Wir beginnen mit einem Beispiel. Wir erstellen eine Prozedur, die zu zwei
gegebenen Zahlen a und b deren Maximum berechnet und zurückgibt. In einer
Eingaberegion des Notebooks gebe man die folgenden Zeilen ein:

```
>> MyMax := proc(a,b) /* Maximum von a und b */
   begin
        if a<b then return(b)
        else return(a) end_if
   end_proc:
```

Auf diese Weise hat man eine Prozedur mit dem Namen `MyMax` erstellt. Man kann sie in MuPAD wie jede andere Funktion aufrufen. Sie hat zwei Eingabeargumente.

```
>> MyMax(10,2), MyMax(-5,3), MyMax(1,1)
      10, 3, 1
```

Allerdings ist diese Prozedur nicht gesichert bzgl. falscher Eingaben. Man betrachte das nächste Beispiel, in dem versucht wird, das Maximum von komplexen Zahlen zu bestimmen, was natürlich keinen Sinn macht, da die komplexen Zahlen nicht angeordnet sind.

```
>> MyMax(1,I)
Error: Complex arguments are not allowed in
comparisons;
during evaluation of 'MyMax'
```

Wir werden im Folgenden sehen, wie solche „nicht erlaubten" Eingaben abgefangen werden können.

Doch zuerst wollen wir die einzelnen Befehle in der Prozedur erklären. Mittels `name := proc(a1,a2,a3,...)` wird eine Prozedur mit dem Namen `name` begonnen, die als Eingabeargumente $a1, a2, a3, \ldots$ hat.
Den Text, der durch `/*` und `*/` eingeschlossen ist, nennt man *Kommentar*. Er dient nur der Erläuterung der Prozedur. MuPAD ignoriert den gesamten Text, der zwischen `/*` und `*/` steht.
Die durch `if bedingung then` eingeleitete Zeile ist eine sogenannten *Verzweigung*. Ist die Bedingung `bedingung` wahr, so wird der Teil hinter `then` ausgeführt. Ist `bedingung` falsch, so wird die Alternative ausgeführt. Sie beginnt hinter `else`. Beendet wird die Verzweigung mit `end_if`. Dieses Konstrukt wird näher erläutert in Kapitel 10.3.
Entscheidend für Prozeduren ist der Befehl `return`. Mittels `return(a)` wird die Prozedur abgebrochen und der Wert `a` zurückgegeben.
Wird kein `return` aufgerufen, so gibt die Funktion den Wert des letzten Befehls zurück, der innerhalb der Prozedur ausgewertet wurde. Wird innerhalb der Prozedur kein Befehl ausgeführt, so wird `NIL` zurückgegeben (vgl. Kapitel 4.6).

Bei umfangreicheren Prozeduren ist es sinnvoller, die Prozedur mit einem Editor (z.B. `emacs`) zu erstellen. Speichert man die Routine `MyMax` beispielsweise als Datei mit dem Namen `max.mup` ab, so kann diese Datei durch `read("max.mup")` eingelesen werden und dann verwendet werden. Hierdurch ist auch die Wiederverwertbarkeit der Funktion gesichert. Dies funktioniert allerdings nur, wenn die Datei im aktuellen oder in einem durch `READPATH` bzw. `LIBPATH` angegebenen Verzeichnis liegt.
Dabei sucht `read` zuerst in den Verzeichnissen, die in der Variablen `READPATH` festgehalten sind, danach im aktuellen Verzeichnis und abschließend in den

durch LIBPATH gegebenen Verzeichnissen nach einer entsprechenden Datei. Die Variable READPATH kann durch das Anhängen von Strings (als Folge) um weitere Suchpfade ergänzt werden. Durch LIBPATH wird ein Systemverzeichnis angegeben.

```
>> READPATH , LIBPATH
        "/opt/MuPAD-4.0.2/share/lib/lib.tar#lib/"
>> READPATH := READPATH,LIBPATH,"~/mupad_test"
        "/opt/MuPAD-4.0.2/share/lib/lib.tar#lib/",
            "~/mupad_test"
```

Unter Linux kann man durch !befehl bzw. system("befehl") den Befehl befehl auf Betriebssystem-Ebene ausführen. So gibt beispielsweise !ls die Dateien im aktuellen Verzeichnis aus. Das aktuelle Verzeichnis ist unter Linux das Verzeichnis, in dem MuPAD gestartet worden ist. In Windows allerdings ist das aktuelle Verzeichnis das Verzeichnis, in dem MuPAD gespeichert worden ist.

10.2 Schleifen

In diesem Abschnitt werden wir die verschiedenen Schleifenkonstrukte in MuPAD vorstellen. Eine *Schleife* besteht aus einer Abfolge von Befehlen, die wiederholt ausgeführt wird. In Form des $-Operators haben wir bereits eine Möglichkeit kennengelernt, kurze Schleifen zu formulieren.

Wir beginnen mit der while-Schleife. Sehr anschaulich ist das folgende Beispiel:

```
>> x := 2:
>> while x<=100 do
        i := x; x := i^2; print(i,x)
   end_while:
      2, 4
      4, 16
      16, 256
```

Die Befehle zwischen while ... do und end_while werden so lange wiederholt, wie die Bedingung (hier $x \leq 100$) wahr ist. Lassen Sie uns erklären, wie die Zeilen abgearbeitet werden. Als Erstes wird dem Bezeichner x der Wert 2 zugewiesen. Dann wird überprüft, ob x, also 2, kleiner als 100 ist. Da dies wahr ist, werden die Befehle in der Schleife ausgeführt. i wird als x, also als 2, definiert. Dann wird x der Wert $2^2 = 4$ zugewiesen. Durch print werden die Auswertungen der Variablen i und x auf dem Notebook ausgegeben. Das Programm hat dann das Ende der Schleife erreicht und springt wieder an den Anfang. Es wird wieder überprüft, ob x (nun 4) kleiner als 100 ist. Da dies der Fall ist, wird x der Wert 16 zugewiesen und danach im nächsten Schritt

256. Danach springt MuPAD wieder an den Anfang der Schleife. Da nun x den Wert 256 hat, ist die Aussage $x \leq 100$ falsch, und die Befehle innerhalb der Schleife werden nicht mehr ausgeführt. MuPAD springt hinter `end_while`, und die Schleife ist beendet.

Als Nächstes betrachten wir die Berechnung des größten gemeinsamen Teilers (ggT) von natürlichen Zahlen a und b mit Hilfe des euklidischen Algorithmus. Die Idee des Verfahrens beruht auf der einfach zu beweisenden Tatsache

$$ggT(a,b) = ggT(a,b-a) \quad \text{für } a < b.$$

Man wiederholt, so lange $a \neq b$ ist:

- Ist $a > b$, so setze $a = a - b$.
- Ist $a < b$, so setze $b = b - a$.

Ist nun $a = b$, so sind wir fertig, und der größte gemeinsame Teiler ist sowohl durch a als auch durch b gegeben.

Wir übersetzen diesen Algorithmus in die Sprache von MuPAD in Form einer Prozedur ggT:

```
ggT := proc(a,b)
/* Bestimme den ggT von a und b */
    begin
        while (a<>b) do
            if (a>b)
            then a := a-b;
            else b := b-a;
            end_if
        end_while;
        return(a);
    end_proc:
```

Durch den Aufruf `ggT(a1,b1)` im MuPAD-Notebook werden die Werte von $a1$ und $b1$ an die Variablen a und b übergeben. Die Prozedur wird gestartet. Es beginnt mit der `while`-Schleife. Die Befehle innerhalb der Schleife werden so lange wiederholt, wie $a \neq b$ ist. Innerhalb der Schleife wird b von a abgezogen oder umgekehrt a von b, je nachdem welches Element größer ist. Nach Ende der Schleife wird der Wert von a an das Notebook zurückgegeben.

Sehr ähnlich wie `while` funktioniert das Schleifenkonzept `repeat`. Der Unterschied ist, dass die Abfrage, ob die Schleife beendet ist, nicht mehr am Anfang sondern am Ende steht. Die Schleife wird beendet, wenn die Aussage am Ende wahr ist.

Auch dieser Befehl wird durch ein Beispiel illustriert. Die Zahl 1.1 wird immer wieder quadriert, bis das Quadrat größer als 100 ist.

```
>> x := 1.1:
>> repeat
```

```
        i := x; x := i^2; print(i,x)
   until x>100 end_repeat:
        1.1, 1.21
        1.21, 1.4641
        1.4641, 2.14358881
        2.14358881, 4.594972986
        4.594972986, 21.11377675
        21.11377675, 445.7915685
```

Wenn man das Programm etwas genauer studiert, fällt einem etwas Merkwürdiges auf. Die Definitionen von i und x bewirken keine Ausgabe! Der Grund ist, dass Schleifen in MuPAD die Spezialität besitzen, dass innerhalb von Schleifen keine Ausgaben erzeugt werden. Die Ausgabe wird erst durch den print-Befehl erzwungen. Gleiches gilt beispielsweise auch für Prozeduren oder innerhalb von Verzweigungen.

Das nächste Schleifenkonzept ist eine Erweiterung des \$-Operators. Die sogenannte for-Schleife darf in keiner Programmiersprache fehlen. Das Konstrukt hat im folgenden Beispiel die Schlüsselwörter for, from, to, do und end_for. Die Befehle zwischen for und end_for werden wiederholt. Die Anzahl der Wiederholungen wird in der ersten Zeile festgelegt. Betrachten wir das nächste Beispiel:

```
>> for i from 1 to 4 do
       x := i^2;
       print(Unquoted,"Das Quadrat von",i,"ist",x)
   end_for
        Das Quadrat von, 1, ist, 1
        Das Quadrat von, 2, ist, 4
        Das Quadrat von, 3, ist, 9
        Das Quadrat von, 4, ist, 16
```

In der ersten Zeile legen wir eine sogenannte *Laufvariable*, hier i, fest. Sie läuft von 1 bis 4. Wenn man nichts anderes angibt, so verändert sie sich jeweils um 1. i nimmt also nacheinander die Werte 1, 2, 3 und 4 an. Dabei wird alles zwischen do und end_for für jedes i einmal durchlaufen. In diesem Beispiel wird die Schleife viermal durchlaufen. In jedem Schritt wird durch den print-Befehl eine entsprechende Ausgabe auf dem Bildschirm bewirkt.

Das nächste Beispiel entstammt der Zahlentheorie. Wir betrachten die Menge der natürlichen Zahlen, die kleiner als 1000 sind. Wir wollen ermitteln, wieviele Zahlen dieser Menge $1, 2, 3, \ldots$ Teiler haben.

```
>> Liste := [i $ i=1..1000]:
>> anz_teiler := n -> nops(numlib::divisors(n)):
>> Liste2 := map(Liste,anz_teiler):
>> for i from 1 to 50 do
```

```
      print(i,nops(select(Liste2,x -> (x=i))))
end_for:
```

Die Ausgabe haben wir hier aus Platzgründen weggelassen. Aber die Leserin bzw. der Leser ist aufgefordert, die Routine auszuprobieren. Zuerst wird die Menge der Zahlen $\{1, 2, \ldots, 1000\}$ in Form einer Liste Liste realisiert. Dann definieren wir eine Funktion anz_teiler, die jeder natürlichen Zahl n die Anzahl ihrer Teiler zuordnet. Dazu benutzen wir die Funktion divisors aus der Bibliothek numlib, die eine Liste der positiven Teiler zurückgibt. Der Befehl nops ermittelt dann die Anzahl der Elemente in der Liste. Im nächsten Schritt bestimmen wir eine Liste Liste2 der gleichen Größe wie Liste, die jeweils die Anzahl der Teiler der Elemente der Liste Liste enthält. Das zehnte Element der Liste2 ist also beispielsweise die Anzahl der Teiler von 10, also 4. In der nächsten Zeile beginnen wir eine Schleife. i durchläuft die Werte $1, 2, \ldots, 50$. In jedem Schritt wird erst durch select(Liste2,x -> (x=i)) für jedes i eine Liste gebildet mit Elementen, die alle aus dem Wert i bestehen. Die Anzahl der Elemente dieser Liste gibt dann an, wieviele Zahlen zwischen 1 und 1000 den Teiler i haben.

Man stellt fest, dass es keine Zahl mit mehr als 32 Teilern gibt. Die Zahl mit 32 Teilern ist 840. 840 hat die folgenden Teiler.

```
>> numlib::divisors(840)
[1, 2, 3, 4, 5, 6, 7, 8, 10, 12, 14, 15, 20, 21, 24,
 28, 30, 35, 40, 42, 56, 60, 70, 84, 105, 120, 140,
 168, 210, 280, 420, 840]
>> nops(%)
      32
```

Bis jetzt haben wir bei for-Schleifen die Laufvariable nur in Einser-Schritten hoch gezählt. Aber es gibt noch mehr Möglichkeiten. Auf die folgende Weise kann eine Schleife absteigend durchlaufen werden.

```
>> for j from 4 downto 2 do
      print(j,2^j);
end_for
      4, 16
      3, 8
      2, 4
```

Man kann auch die Schrittweite modifizieren.

```
>> for j from 3 to 8 step 2 do
      print(j,2^j);
end_for
      3, 8
      5, 32
      7, 128
```

Der Laufindex beginnt beim unteren Wert und addiert in jedem Schritt die Schrittweite, so lange der neue Wert kleiner oder gleich dem vorgegebenen oberen Wert des Laufindex ist.

10.3 Verzweigungen

Nun kommen wir auf das Konstrukt der *Verzweigungen* zurück, das an verschiedenen Stellen bereits aufgetreten ist. Es ist ein unentbehrliches Werkzeug jeder Programmiersprache. Je nach Wert oder Bedeutung von Variablen werden unterschiedliche Befehle ausgeführt. In MuPAD gibt es hierzu das `if`-Konstrukt und das `case`-Konstrukt.

Wir betrachten wieder ein Beispiel:

```
>> for i from 2 to 100 do
       if isprime(i)
       then print(i,"ist Primzahl")
       else print(i,"ist keine Primzahl")
       end_if
   end_for:
```

Das Beispiel besteht aus einer Schleife von 2 bis 100 (Schrittweite 1). In jedem Schritt wird geprüft, ob der jeweilige Wert der Laufvariable i eine Primzahl ist oder nicht. Wenn i eine Primzahl ist, gibt es eine entsprechende Ausgabe. Andernfalls wird ausgegeben, dass i keine Primzahl ist.

Die Verzweigung `if` hat die folgende Struktur:

```
if Bedingung
    then Befehle1
    else Befehle2
end_if
```

Ist die `Bedingung` wahr, so wird `Befehle1` ausgeführt. Andernfalls wird `Befehle2` ausgeführt. Dabei sind Befehle in den Befehlsfolgen durch : oder ; zu trennen. Der `else`-Aufruf ist optional.

Entsprechend funktioniert das obige Beispiel. Die Funktion `isprime` ist eine Boolesche Funktion, die `TRUE` zurückgibt, wenn i eine Primzahl ist und `FALSE` sonst. Entsprechend werden im `TRUE`-Fall die Befehle hinter `then` ausgeführt. Es wird also ausgegeben, dass i eine Primzahl ist. Andernfalls werden die Befehle hinter `else` ausgeführt. In diesem Fall erfolgt die Ausgabe, dass i keine Primzahl ist.

Wir möchten noch eine weitere Anwendung geben. Es wird die Anzahl von Primzahlzwillingen zwischen 1 und 10000 berechnet. Ein *Primzahlzwilling* ist ein Paar von Primzahlen (p_1, p_2) mit $|p_1 - p_2| = 2$.[1] Die Primzahlzwillinge selbst werden in einer geschachtelten Liste gespeichert.

---

[1] Man hat bis heute nicht bewiesen, dass es unendlich viele Primzahlzwillinge gibt. (vgl. [2], Kapitel 7)

```
>> T := []: anz := 0:
>> for i from 2 to 10000 do
       if (isprime(i) and isprime(i+2))
       then
            anz := anz+1;
            T := T.[[i,i+2]];
       end_if:
   end_for:
   print("Anzahl = ",anz)
        "Anzahl = ", 205
```

Die ersten vier Primzahlzwillinge erhalten wir dann wie folgt:

```
>> T[1], T[2], T[3], T[4]
        [3, 5], [5, 7], [11, 13], [17, 19]
```

Die zweite Verzweigung, die in MuPAD implementiert ist, ist das sogenannte case-Konstrukt. Es wird angewendet, wenn man eine Verzweigung mit mehreren Alternativen hat. Natürlich kann man in einem solchen Fall auch geschachtelte if-Konstrukte verwenden, doch wird das sehr schnell unübersichtlich.

Das case-Konstrukt hat folgende allgemeine Gestalt.

```
case var
  of wert1 do ...
  of wert2 do ...
     ...
  otherwise
     ...
end_case
```

case ist im Wesentlichen nichts anderes als eine Implementierung der switch-Anweisung in C. Die Funktionsweise dieses Konstrukts ist ein wenig kompliziert.

Die folgenden Fälle sind möglich:

- Stimmt der Wert von var überein mit wert1, so werden die Befehle ausgeführt, die hinter dem ersten do folgen. Danach werden alle Befehle ausgeführt, die hinter dem zweiten do folgen, usw. Letztendlich werden auch noch die Befehle in otherwise ausgeführt.

- Stimmt var mit wert2 überein, so werden die Befehle der ersten Fallunterscheidung ignoriert. Aber von der zweiten Alternative an werden wieder alle Befehle ausgeführt. Entsprechend verhält es sich mit allen anderen of-Verzweigungen.

- Ist keines der of-Zweige richtig, so wird die Befehlssequenz zwischen otherwise und end_case ausgeführt.

Man nennt dieses Konzept des Umgangs mit den Alternativen „fall-through". Sehr oft möchte man dieses fall-through aber vermeiden. In der Regel ist es erwünscht, dass die Routine nach dem Abarbeiten einer Alternative das `case`-Konzept beendet. Dies kann durch den Befehl `break` bewirkt werden. MuPAD springt dann automatisch an das Ende des `case`-Konstrukts.

Eine typische Anwendung ist die Kontrolle der Eingabe. Wir betrachten dazu die Berechnung des Betrags, wobei wir zwischen Gleitkommazahlen, komplexen, ganzen und rationalen Zahlen unterscheiden. Wir schreiben dazu eine Prozedur mit dem Namen `betrag`.

```
/* Berechnen des Betrags für Zahlen */
betrag := proc(a)
    begin
        case(domtype(a))
          of DOM_INT do
          of DOM_RAT do
          of DOM_FLOAT do
            if a>0 then y := a: else y := -a: end_if:
            break;
          of DOM_COMPLEX do
            y := sqrt(Re(a)^2+Im(a)^2);
            break;
          otherwise
            print("Falscher Eingabetyp");
        end_case:
        return(y);
    end_proc:
```

Die Anwendung der Prozedur geschieht nun durch simplen Aufruf innerhalb des Notebooks.

```
>> betrag(-10), betrag(10/3), betrag(I+1)
                      1/2
        10, 10/3, 2
>> betrag(sin(x))
        "Falscher Eingabetyp"
```

10.4 Lokale und globale Variablen

Von entscheidender Bedeutung beim Programmieren eigener Prozeduren ist die Gültigkeit von Variablen. Unter der *Gültigkeit* von Variablen verstehen wir die Bestandsdauer von Variablen bzw. der Werte dieser Variablen.

Beim interaktiven Gebrauch von MuPAD sind alle Variablen *global*, d.h. die den Variablen zugewiesenen Werte bleiben für die gesamte Laufzeit von Mu-PAD erhalten. Es sei denn, dass sie explizit durch die Benutzerin bzw. den

Benutzer geändert oder gelöscht werden. Man kann auf die Variablen jederzeit zugreifen und die Werte der Variablen ändern.

Daneben gibt es aber auch *lokale Variablen,* die nur innerhalb einer Prozedur gültig sind. Nach Beenden der Prozedur werden diese Variablen wieder gelöscht.

Die interaktiv erstellten Variablen sind global. Im Gegensatz zu den meisten Programmiersprachen sind in MuPAD die in Prozeduren definierten Variablen standardmäßig auch **global.**

Allerdings können in Prozeduren mit dem Schlüsselwort `local` lokale Variablen erzeugt werden. `local` steht zwischen `proc()` und `begin`. Die lokalen Variablen haben einen eigenen Datentyp. Sie sind vom Typ `DOM_VAR` und nicht wie erwartet vom Typ `DOM_IDENT`. Die Eingabeargumente von Prozeduren sind automatisch lokale Variablen.

Die Verwendung von globalen Variablen in Funktionen gilt als schlechter Stil. Da die Versuchung in MuPAD besonders groß ist, möchten wir noch einmal explizit formulieren:

Die Verwendung von globalen Variablen in Prozeduren ist schlechter Programmierstil und sollte vermieden werden.

Das nächste Beispiel zeigt, dass die Verwendung von globalen Variablen innerhalb von Prozeduren merkwürdige Resultate erzeugen kann.

```
>> a := b:
>> f := proc() begin a := 1+a^2: end_proc:
>> f(); f(); f();
        2
      b   + 1
        2     2
     (b   + 1)   + 1
        2     2     2
   ((b   + 1)   + 1)   + 1
```

Bei jedem Aufruf der Prozedur f wird der jeweils aktuelle Wert von a durch $1 + a^2$ ersetzt. Haben lokale und globale Variablen den selben Bezeichner, so hat eine Manipulation der lokalen Größe keinen Einfluss auf die globale Variable; siehe dazu das nächste Beispiel:

```
>> a := b:
>> f := proc() local a; begin a := 2 end_proc:
>> f(), a
      2, b
```

Es gibt eine ganze Reihe von Unterschieden zwischen lokalen und globalen Variablen. Der Wert einer nicht initialisierten globalen Variablen ist der Name der Variable. Bei lokalen, nicht initialisierten Variablen ist der Wert NIL. Die Verwendung des Wertes einer lokalen, nicht initialisierten Variable führt zu einer Warnung. Entsprechend kann eine lokale Variable nicht als symbolischer Bezeichner übergeben werden. Weiterhin wirkt der Befehl level nicht bei lokalen Variablen.

Innerhalb von Prozeduren gibt es noch eine Besonderheit. Aus Effizienzgründen werden alle Variablen nur bis LEVEL=1 ausgewertet. Das bedeutet, dass jeder Bezeichner durch seinen Wert ersetzt wird. Vollständige Auswertung von globalen Variablen kann aber durch den Befehl level erzwungen werden.

10.5 Rekursionen

Man spricht von einer *Rekursion*, wenn eine Funktion sich selbst aufruft. Eine klassische Anwendung, um Rekursion zu erklären, ist die Berechnung der Fakultät $n! := n(n-1)(n-2)\cdots 1$, $n \in \mathbb{N}$. In diesem Fall beruht die Rekursion auf der Beobachtung

$$n! = n(n-1)!.$$

Sei fakultaet eine Funktion, die $n!$ berechnet. Die rekursive Prozedur berechnet $n!$, indem sie die gleiche Prozedur für $n-1$ startet und das Ergebnis mit n multipliziert. $(n-1)!$ wiederum wird berechnet, indem $(n-2)!$ mit $(n-1)$ multipliziert wird, usw. Ist man bei $1! = 1$ angekommen, gibt man das Ergebnis zurück.

Die Realisierung in MuPAD hat folgende Gestalt:

```
/* Berechnung der Fakultät */
fakultaet := proc(n)
    begin
        if (domtype(n)=DOM_INT and n>0)
        then
            if n=1 then return(1)
            else return(n*fakultaet(n-1));
            end_if
        else
            print("Falscher Datentyp");
        end_if
    end_proc:
```

Wir sehen, dass die Prozedur sich jedes mal wieder selbst aufruft. Möchte man $n!$ berechnen, so wird hierzu die Prozedur mit den Eingabeargumenten $(n-1)$, $(n-2), \ldots, 1$ gestartet. Erst wenn die Prozedur mit $n = 1$ gestartet wird, wird ein Wert zurückgegeben. Danach werden rekursiv die Rückgabewerte bestimmt. Am Ende hat man den richtigen Wert für $n!$ ermittelt. Hieran sieht man auch noch einmal den Sinn von lokalen Variablen. Diese Art des Programmierens ist nur möglich, da bei jedem Aufruf neue lokale Variablen erzeugt werden.

```
>> fakultaet(4), fakultaet(10)
        24, 3628800
>> fakultaet(-10)
        "Falscher Datentyp"
```

Zusätzlich werden in der Prozedur `fakultaet` noch falsche Funktionsaufrufe abgefangen. Erlaubt sind nur positive ganze Zahlen. Wir werden in Abschnitt 10.6 noch eine elegantere Art der Typ-Prüfung kennenlernen.

Die Rekursionstiefe wird durch die Variable `MAXDEPTH` gesteuert. Diese Größe steuert die maximale Anzahl von geschachtelten Funktionsaufrufen.

```
>> MAXDEPTH, fakultaet(20)
        500, 2432902008176640000
>> MAXDEPTH := 10: fakultaet(20)
Error: Recursive definition [See ?MAXDEPTH];
during evaluation of 'fakultaet'
```

Mittels `delete MAXDEPTH` kann man zum Default-Wert zurückkehren.

In dem Beispiel `fakultaet` ist die Rekursion ein wenig künstlich. Im nächsten Beispiel wäre dagegen eine nicht rekursive Implementierung deutlich komplizierter.

Das Beispiel entstammt der Welt der Fraktale (vgl. [13]). Wir möchten sogenannte *Kochsche Kurven* plotten. Die Konstruktion dieser Kurven ist sehr einfach. Seien y_1, y_2 zwei Punkte im $\mathbb{R}^2$. Wir betrachten die zugehörige Strecke mit Endpunkten y_1 und y_2. Wir ersetzen diese Strecke durch 4 Strecken $\overline{y_1 z_1}$, $\overline{z_1 z_2}$, $\overline{z_2 z_3}$, $\overline{z_3 y_2}$ mit Endpunkten $z_1 = \frac{2}{3}y_1 + \frac{1}{3}y_2$, $z_3 = \frac{1}{3}y_1 + \frac{2}{3}y_2$ und

$$z_2 = \frac{\sqrt{3}}{6} \begin{pmatrix} 0 & 1 \\ -1 & 0 \end{pmatrix} (y_1 - y_2) + \frac{1}{2}(y_1 + y_2)$$

(vgl. Abbildung 10.1, Verfeinerungstiefe 1). Dieses Prozedere wird nun für jede einzelne Teilstrecke wiederholt. Dieses rekursive Vorgehen kann man beliebig oft wiederholen. Wir wollen nun eine Funktion schreiben, die eine solche Kurve für eine vorgegebene Verfeinerungstiefe k plottet. Man sieht die ersten 4 Kurven in Abbildung 10.1.

Die Implementation besteht aus zwei Routinen:

```
koch := proc(y1,y2,lev,Linien)
    local z1,z2,z3;
    begin
        if (lev=0)
        then
            return(append(Linien,
```

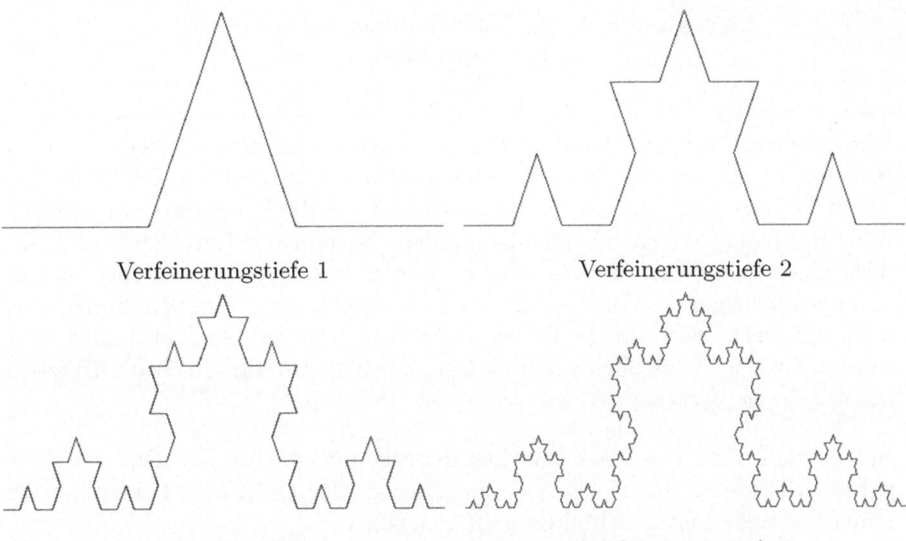

Verfeinerungstiefe 1   Verfeinerungstiefe 2

Verfeinerungstiefe 3   Verfeinerungstiefe 4

Abb. 10.1. Kochsche Kurven mit verschiedener Verfeinerungstiefe.

```
                    plot::Line2d([y1[1],y1[2]],[y2[1],
                    y2[2]])));
        else /* Definieren der neuen Punkte */
            z1 := 2/3*y1+1/3*y2;
            z3 := 1/3*y1+2/3*y2;
            z2 := sqrt(3)/6*matrix([[0,1],
                [-1,0]])*(y1-y2)+1/2*(y1+y2);

        /* Definieren der 4 Strecken */
            Linien := koch(y1,z1,lev-1,Linien);
            Linien := koch(z1,z2,lev-1,Linien);
            Linien := koch(z2,z3,lev-1,Linien);
            Linien := koch(z3,y2,lev-1,Linien);
            return(Linien);
        end_if;
    end_proc:
```

und

```
plotKoch1 := proc(lev)
    local Linien,y1,y2;
    begin
        Linien := [];
        y1 := matrix([0,0]);
        y2 := matrix([1,0]);
```

```
        Linien := koch(y1,y2,lev,Linien);
        plot(Linien,Axes=None);
    end_proc:
```

Wir möchten kurz auf die Prozeduren eingehen. plotKoch1 dient dazu, die Rekursion in Gang zu setzen. Entscheidend ist die Prozedur koch. Diese Routine bekommt als Input ein bestimmtes Level *lev*, die Eckpunkte einer Strecke und eine Liste von zu zeichnenden Linien. Ist nun der Level $lev = 0$, dann wird diese Strecke an die Liste der zu plottenden Strecken angefügt und die Liste zurückgegeben. Andernfalls wird die Strecke in 4 Strecken zerlegt und jede Teilstrecke wird an die Prozedur koch übergeben. Der Level wird dabei um 1 reduziert. Schließlich wird die Liste der Strecken innerhalb der Prozedur plotKoch1 geplottet.

Indem man nicht von einer einzelnen Strecke aus startet, sondern von einem n-Eck erhält man die *Kochsche Schneeflocke*. Der Fall mit 3 Ecken zur Verfeinerungstiefe 4 ist in Abbildung 10.2 zu sehen.

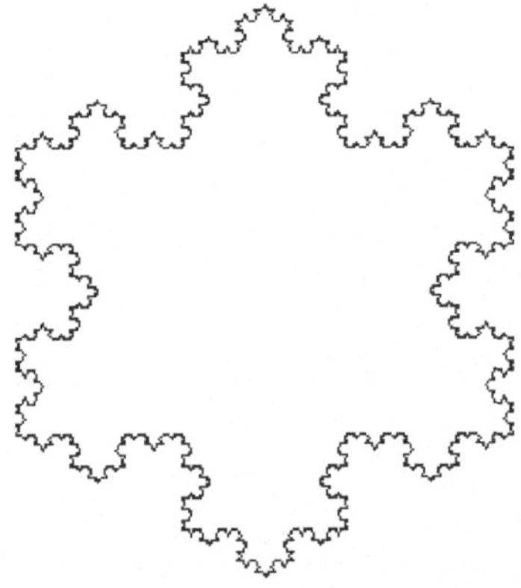

Abb. 10.2. Die Kochsche Schneeflocke ausgehend von einem Dreieck mit Verfeinerungstiefe 4.

Diese Grafik erhält man mit dem folgenden kurzen Programm

```
plotKoch2 := proc(lev,nrEcken)
    local Linien,ecken,i;
    begin
        Linien := [];

        /* Eckpunkte n-Eck */
        ecken := [];
        for i from 0 to nrEcken do
```

```
            ecken := append(ecken,
                matrix([float(sin(2*PI*i/nrEcken)),
                float(cos(2*PI*i/nrEcken))]));
        end_for;
        /* Verbinde Eckpunkte */
        for i from 1 to nrEcken do
            Linien := koch(ecken[i],ecken[i+1],
                            lev,Linien)
        end_for;
        plot(Linien,Axes=None,Scaling=Constrained);
    end_proc:
```

und dem Aufruf:

```
>> plotKoch2(4,3)
```

10.6 Kontrolle des Funktionsaufrufs

In diesem Abschnitt wird erklärt, wie man in Prozeduren mit falschen Eingabeparametern umgehen kann. Das Abfangen falscher Aufrufe gehört zum guten Programmierstil.
Durch den Aufruf

```
testtype(Objekt,Typenbezeichner)
```

wird getestet, ob ein Objekt dem Typenbezeichner entspricht. Rückgabewert ist TRUE oder FALSE.
Prinzipiell kann man auch domtype zum Überprüfen des Typs benutzen. Das Verwenden des Befehls testtype ermöglicht allerdings ein differenzierteres Abfragen. Eine Übersicht der verfügbaren Typenbezeichner erhält man durch die Eingabe ?Type. Man findet dazu eine Übersicht in Kapitel 6.4.
Lassen Sie uns noch einmal einige Beispiele studieren:

```
>> testtype(sqrt(3),Type::Real)
        FALSE
>> testtype(float(sqrt(3)),Type::Real)
        TRUE
>> testtype(3,Type::Real)
        TRUE
>> select([i $ i=100..120],testtype,Type::Prime)
        [101, 103, 107, 109, 113]
```

Man kann auch Prozeduren erstellen, bei denen a priori die Anzahl der Eingabeparameter nicht feststeht. Wir schreiben eine Prozedur, die ein Integral mittels bestimmter Summen approximiert. Die Unter- und Obersummen entsprechen dabei nicht den Bedingungen der Unter- und Oberintegralen aus

Kapitel 7.12, da nicht die gesamten Teilintervalle nach kleinsten bzw. größten Werten durchsucht werden sondern nur die Intervallgrenzen.

Wir unterteilen hierzu ein Intervall $[a, b]$ äquidistant in n Intervalle $[x_i, x_{i+1}]$, $i = 0, \ldots, n-1$, mit $x_i := a + (b-a)i/n$. Die Ober- und die Untersumme seien nun definiert durch

$$os := \frac{b-a}{n} \sum_{i=1}^{n} \max\{f(x_i), f(x_{i-1})\} \qquad \text{und}$$

$$us := \frac{b-a}{n} \sum_{i=1}^{n} \min\{f(x_i), f(x_{i-1})\}.$$

Die folgende Prozedur `UnterOberSumme` kann auf verschiedene Arten aufgerufen werden.

- `UnterOberSumme(f)` berechnet die Summen für Funktionen f auf $[0, 1]$ mit 10 Unterteilungen.
- `UnterOberSumme(f,x1,x2)` berechnet die Summen für f auf $[x1, x2]$ mit 10 Unterteilungen.
- `UnterOberSumme(f,x1,x2,n)` berechnet die Summen für f auf $[x1, x2]$ mit n Unterteilungen.

Realisiert wird das durch die Struktur `args`. Man definiert dazu die Prozedur ohne explizite Eingabeparameter, also `UnterOberSumme := proc()`. Alle wesentlichen Informationen kann man aus `args` auslesen:

- Durch `args()` erhält man die Folge der Argumente.
- `args(0)` ist die Anzahl der Argumente.
- Durch `args(i)` erhält man das i-te Element.

Wie man die verschiedenen Alternativen implementiert, kann man aus dem folgenden Programm ersehen:

```
UnterOberSumme := proc()
   local x,us,os,x1,x2;
   begin
       /* Anzahl Eingabeargumente */
       anz := args(0);

       /* Kontrolle der Eingabe */
       if anz<>1 and anz<>3 and anz<>4
       then
           print("Falsche Eingabe");
           return(null());
       end_if:

       /* Setzen der richtigen Anfangswerte */
       f   := args(1);
```

```
        x1  :=  0;
        x2  :=  1;
        n   :=  10;
        if  anz=3  or  anz=4
        then
             x1  :=  args(2);
             x2  :=  args(3);
        end_if;
        if  anz=4
        then  n  :=  args(4);
        end_if;

        /*  Berechnen  der  Ober-  und  Untersumme  */
        (x[i]  :=  float(x1+(x2-x1)*(i-1)/n))
          $  i=1..(n+1);
        /*  Untersumme  */
        us  :=  0.0;
        for  i  from  1  to  n  do
             us  :=  us+min(f(x[i]),f(x[i+1]))/n;
        end_for;
        /*  Obersumme  */
        os  :=  0.0;
        for  i  from  1  to  n  do
             os  :=  os+max(f(x[i]),f(x[i+1]))/n;
        end_for;
        return([us,os]);
    end_proc:
```

Selbstverständlich hätte man das Aufaddieren der Summen anstatt durch for-Schleifen auch durch den \$-Operatoren realisieren können. Als Anwendung wollen wir die Integrale $\int_0^1 xe^x dx$ und $\int_{-1}^1 xe^x dx$ approximieren.

```
>> g :=   x -> x*exp(x):
>> UnterOberSumme(g)
        [0.8677819518,  1.139610135]
>> UnterOberSumme(g,0,1,1000)
        [0.9986412288,  1.001359511]
>> UnterOberSumme(g,-1,1,700)
        [0.3656768894,  0.3700856912]
>> UnterOberSumme(g,-1,1,7000)
        [0.3676590196,  0.3680998998]
```

10.7 Symbolische Rückgabe

Bei vielen Systemfunktionen ist es möglich, die Funktionen mit Bezeichnern aufzurufen. Ausgewertet wird die Funktion erst dann, wenn dem Bezeichner ein Wert zugewiesen worden ist, den die Systemfunktion verarbeiten kann. Wir sprechen in diesem Fall von *symbolischer Rückgabe*. Betrachten wir dazu noch einmal das Beispiel der Fakultät:

```
>> fakultaet(9); fact(x); fakultaet(x)
      362880
      x!
      "Falscher Datentyp"
```

Wenn wir einen noch nicht definierten Bezeichner x als Argument an unsere Prozedur `fakultaet` übergeben, so ist der Rückgabewert der String "Falscher Datentyp". Benutzen wir die MuPAD-Funktion `fact`, so sehen wir, dass das Rückgabeargument der Prozeduraufruf inklusive dem Bezeichner x selbst ist. Die Auswertung kann dann später erfolgen, wenn dem Bezeichner x ein Wert zugewiesen worden ist.

Wie sieht nun eine Funktion aus, die in dem Fall die Prozedur symbolisch zurückgibt:

```
/* Berechnung der Fakultät */
fakultaet2 := proc(n)
   begin
       if testtype(n,Type::NonNegInt)
       then
           if n=1 then return(1)
           else return(n*fakultaet2(n-1))
           end_if
       else
           return(procname(args()));
       end_if
   end_proc:
```

Man betrachte die folgenden Eingaben:

```
>> y1 := fakultaet(x): y2 := fakultaet2(x):
      "Falscher Datentyp"
>> domtype(y1), domtype(y2), y2
      DOM_NULL, DOM_EXPR, fakultaet2(x)
>> x := 5: y1, y2
      120
```

So wie wir es in der Prozedur `fakultaet` implementiert haben, wird eine Zeichenkette mit einer Fehlermeldung ausgegeben. Anders bei der Prozedur `fakultaet2`. Rückgabewert ist der Ausdruck `fakultaet2(x)`. Nachdem x dann ein Wert zugewiesen worden ist, kann y2 vollständig ausgewertet werden.

Noch nicht erklärt ist das Rückgabeargument `procname(args())`. Dabei ist `procname` der Name der Prozedur und `args()`, wie bereits gesehen, die Folge der Eingabeparameter. Rückgabewert ist also der Aufruf der Prozedur selbst. Wir sprechen deswegen von der symbolischen Rückgabe.

10.8 Nichttriviale Beispiele

10.8.1 Mandelbrot-Menge

Die *Mandelbrot-Menge* ist die Menge von Punkten $c \in \mathbb{C}$ bei denen die Folge $(z_n)_n$, die durch

$$z_0 := c, \qquad z_{n+1} = z_n^2 + c, \quad n \in \mathbb{N}$$

definiert ist, beschränkt ist (vgl. [14]).

Man kann sich überlegen, dass die Folge divergiert, falls für ein Folgenglied $|z_n| \geq 2$ gilt. Wir iterieren nun für gegebenes $c \in \mathbb{C}$ so lange, bis entweder $\mathrm{abs}(z_n) \geq 2$ gilt oder eine vorgegebene maximale Iterationszahl `MAX_IT` erreicht ist. Die benötigte Iterationszahl (dividiert durch `MAX_IT`) wird dann geplottet. Die Menge aller Punkte mit Funktionswert 1 ist dann eine Approximation an die Mandelbrot-Menge. Wir betrachten das Intervall

$$\{x + iy \mid x \in [-2.1, 1.2], \ y \in [-1.1, 1.1]\}$$

und diskretisieren es durch ein Gitter mit 100×100 Punkten.

Die erste Prozedur berechnet zu gegebenen Realteil x und Imaginärteil y die relative Anzahl von Iterationen für einen Gitterpunkt $c = x + iy$.

```
mandel := proc(x,y)
    local it,a0,a,MAX_IT;
    begin
        if not (testtype(x,Type::Real) and
                testtype(y,Type::Real))
        then procname(x,y)
        else
            MAX_IT := 150;
            it := 0;
            a0 := x+I*y;
            a := a0;
            while (abs(a)<2 and it<MAX_IT) do
                a := a^2+a0;
                it := it+1;
            end_while;
            return(float(it/MAX_IT));
        end_if;
    end_proc:
```

In einer zweiten Funktion wird die Funktion `mandel` aufgerufen und die Menge grafisch dargestellt.[2]

```
plotteMandel := proc()
    begin
        mandelPlot := plot::Function3d(
            mandel(x,y),x=-2.1..1.2,y=-1.1..1.1,
                Mesh=[100,100]);
        plot(mandelPlot);
    end_proc:
```

In Abbildung 10.3 sehen wir das Ergebnis des Programms `plotteMandel`.

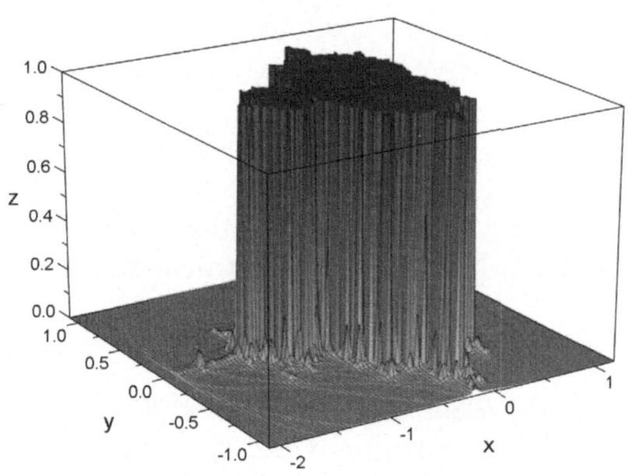

Abb. 10.3. Die Mandelbrot-Menge.

10.8.2 Umrechnung in g-adische Darstellung

Im letzten Beispiel verfassen wir eine Prozedur, die zu einer gegebenen natürlichen Zahl eine Darstellung in einer beliebigen Basis $b \in \mathbb{N}$ berechnet.

```
Gadisch := proc(x,basis)
/*----------------------------------------------------
    Berechnung der Darstellung
    einer natürlichen Zahl x zur Basis b
    Rückgabe des Ergebnis als Liste!
-------------------------------------------------------*/
    local T,i;  /* lokale Variablen */
    begin     /* Beginn Prozedur */
```

---

[2] Die Grafik wurde mit der Windows-Version erstellt. Die grafische Darstellung in der Linux-Version war für diese Auflösung fehlerhaft.

```
        /* Abfangen der Eingabe */
        if domtype(x)<>DOM_INT or
            domtype(basis)<>DOM_INT
        then return(procname(args()));
        end_if;


        if (x<0) or (basis<2)
        then error("x keine natuerliche Zahl oder
            Basis kleiner 2");
        end_if;


        T := [];    /* leere Liste */


        /* Beginn Schleife */
        while x>0 do
            T := [x mod basis].T;
            print(Unquoted,expr2text(x)." : ".
                expr2text(basis)." = ".
                expr2text(x div basis)." Rest ".
                expr2text(x mod basis));
            x := x div basis;
        end_while;


        /* Rückgabe der Liste */
        return(T);
    end_proc:
```

Bei der Eingabeabfrage wurde der Befehl error(string) benutzt. Hierbei bricht die Prozedur mit der Fehlermeldung string ab. string ist eine Zeichenkette.

Abschließend betrachten wir noch einige Beispiele dazu. Die Darstellung von 83 zur Basis 3 ist

```
>> Gadisch(83,3)
        83 : 3 = 27 Rest 2
        27 : 3 = 9 Rest 0
        9 : 3 = 3 Rest 0
        3 : 3 = 1 Rest 0
        1 : 3 = 0 Rest 1
        [1, 0, 0, 0, 2]
```

Für die Darstellung von 17 zur Basis 4 ergibt sich

```
>> Gadisch(17,4)
        17 : 4 = 4 Rest 1
```

```
        4 : 4 = 1 Rest 0
        1 : 4 = 0 Rest 1
        [1, 0, 1]
```

Wir können auch mit symbolischen Aufrufen arbeiten:

```
>> Gadisch(10,-2)
Error: x keine natuerliche Zahl oder Basis kleiner 2
>> z := Gadisch(x,y)
        Gadisch(x, y)
>> x := 10: y := 2: z
        10 : 2 = 5 Rest 0
        5 : 2 = 2 Rest 1
        2 : 2 = 1 Rest 0
        1 : 2 = 0 Rest 1
        [1, 0, 1, 0]
```

10.9 Programmierregeln

Am Ende möchten wir noch einige (allgemeingültige) Programmierregeln formulieren. Auf den ersten Blick bedeuten diese Regeln einen höheren Aufwand. Auf längere Sicht kann die Einhaltung der Regeln aber eine erhebliche Zeitersparnis bedeuten.

- Innerhalb von Prozeduren sollten ausschließlich lokale Variablen verwendet werden. Der Zugriff auf globale Variablen innerhalb von Prozeduren ist zu vermeiden.
- Programme müssen vollständig kommentiert werden. Das heißt zum einen, dass zu Beginn jeder Prozedur ein Kommentar gegeben wird, in dem dargestellt wird, was das Programm macht, wieviele und welche Eingabeparameter es erhalten darf und was die Prozedur zurückgibt. Zusätzlich sollten natürlich auch alle wesentlichen Operationen erklärt und kommentiert werden.
- Jede Prozedur sollte ihre Werte explizit mit `return()` zurückgeben.
- Die Programme sind übersichtlich zu gestalten. Insbesondere sollte man darauf achten, dass Befehle in Schleifen und Verzweigungen eingerückt werden.

Sonstiges

In diesem Kapitel werden wir auf Dinge eingehen, die in den anderen Abschnitten keinen Platz gefunden haben, aber das Arbeiten mit MuPAD sehr erleichtern.

11.1 Voreinstellungen und Informationen

In MuPAD werden viele Einstellungen über bestimmte Variablen gesteuert, den sogenannten *Umgebungsvariablen*. Diese Größen sind mit Standardwerten initialisiert und können während einer MuPAD-Sitzung geändert werden.
In den vergangenen Kapiteln haben wir schon eine Reihe von solchen Größen kennengelernt. Es sei zum Beispiel an DIGITS erinnert, mit der man die signifikanten Stellen der Gleitkommadarstellung steuern kann, oder an MAXLEVEL, die die maximale Auswertungstiefe angibt. Die folgende Tabelle stellt die wichtigsten Umgebungsvariablen vor.

KONSTANTE	DEF.	BEDEUTUNG
DIGITS	10	signifikante Stellen in der Gleitkommadarstellung
HISTORY	20	Anzahl der mit last zugreifbaren Ergebnisse
LEVEL	100	maximal zulässige Auswertungstiefe
LIBPATH		Pfadname des MuPAD-Programms und der Bibliotheken
MAXDEPTH	500	maximal zulässige Rekursionstiefe
MAXEFFORT	10^7	maximal zulässiger Aufwand für heuristische Vereinfachungen
MAXLEVEL	100	maximal zulässige Auswertungstiefe
NOTEBOOKFILE		Name des aktuellen MuPAD-Notebooks
NOTEBOOKPATH		Verzeichnisname des aktuellen MuPAD-Notebooks

Konstante	Def.	Bedeutung
ORDER	6	Standardanzahl der Terme in Reihenentwicklungen
PRETTYPRINT	TRUE	2-dimensionale Ausgabe auch ohne Formelsatz
READPATH		Suchpfad für mit read einzulesende Dateien
TEXTWIDTH	75	Textbreite der Ausgabe (außer Formelsatz)
WRITEPATH		Pfadname für mit WRITE etc. abzuspeichernde Dateien

Eine weitere Möglichkeit, die Voreinstellungen den eigenen Wünschen anzupassen, bieten die *Preferences*. Man kann sich alle Optionen durch Pref() anzeigen lassen. Eine Eigenschaft kann man durch Aufruf der Eigenschaft mit der gewünschten neuen Einstellung ändern.

```
Pref::Eigenschaft(Einstellung)
```

Wir möchten hier exemplarisch einige der Eigenschaften herausgreifen. Als Erstes betrachten wir die Eigenschaft report, die steuert, wieviel Informationen MuPAD über reservierten Speicher, benutzten Speicher und Rechenzeit ausgibt. Erlaubt sind Werte zwischen 0 (Default) und 9. Bei 9 erhält man permanent Informationen, bei 0 nie.

```
>> Pref::report(9): int((x*sin(x)),x)
[used=878k, reserved=1572k, seconds=0]
[used=1110k, reserved=1847k, seconds=1]
[used=1457k, reserved=2219k, seconds=1]
[used=1803k, reserved=2538k, seconds=1]
[used=2111k, reserved=2882k, seconds=1]
[used=1454k, reserved=3473k, seconds=2]
[used=12023k, reserved=21909k, seconds=4]
        sin(x) - x cos(x)
```

Es gibt noch eine weitere Funktion, die Informationen über den internen Ablauf von Funktionen ausgibt. Der Befehl ist setuserinfo(Any,n). Hierbei ist n eine natürliche Zahl. Je größer n gewählt wird, desto mehr Informationen (je nach Implementierung der Funktion) wird ausgegeben.

```
>> setuserinfo(Any,5): int(exp(y)*y,y)
Info: checking user patterns
Info: looking for special functions
Info: looking for special functions
Info: looking for known good substitutions
...
        exp(y) (y - 1)
```

Die Ausgabe der Informationen kann durch `setuserinfo(NIL)` gestoppt werden.

Man kann auch die Darstellung der Gleitkommazahlen mittels der Eigenschaft `floatFormat` beeinflussen.

```
>> Pref::floatFormat("e"): float(exp(-50))
        1.928749848e-22
>> Pref::floatFormat("f"): float(exp(-50))
        0.00000000000000000000001928749848
```

Die Einstellung `"e"` entspricht der Exponentialdarstellung; bei Wahl von `"f"` werden alle Zahlen komplett ausgegeben.

Informationen über das Betriebssystem und der Rechnerarchitektur erhält man wie folgt:

```
>> sysname(), sysname(Arch)
        "UNIX", "linux"
```

11.2 Zeitabfragen und Profiling

Wenn man umfangreichere, rechenintensive Routinen schreibt, ist es wichtig, die Zeit zu erfassen, die bestimmte Routinen benötigen. Dazu gibt es in Mu-PAD die Befehle `time()` und `rtime()`. Der erste Befehl misst die CPU-Zeit, der zweite die reale Zeit, die seit dem Start der MuPAD Sitzung vergangen ist. Beides wird in Milli-Sekunden angeben. Durch `rtime(a)` bzw. `time(a)` wird die Zeit gemessen, die zur Auswertung von a benötigt wird.
Wir wenden dies auf das Beispiel der Mandelbrot-Menge an.

```
>> time(plotteMandel())
        5135
>> rtime(plotteMandel())
        6636
```

Wie erwartet fällt die CPU Zeit mit ca. 5.1 Sekunden geringer aus als die reale Zeit mit ca. 6.6 Sekunden.[1] Man kann Zeitkontrollen nutzen, um besonders aufwändige Teile von Programmen ausfindig zu machen. Hierfür stellt MuPAD aber noch eine spezielle Routine zur Verfügung. `prog::profile(a)` analysiert detailliert, wie sich der Zeitaufwand bei der Auswertung von a aufteilt. Für unser obiges Beispiel lautet die Eingabe

```
>> prog::profile(plotteMandel())
```

Die Ausgabe haben wir aus Platzgründen weggelassen.

---

[1] Natürlich hängen die Rechenzeiten vom verwendeten Rechner ab.

11.3 Ein- und Ausgaben

In diesem Abschnitt möchten wir kurz die verschiedenen Ein- und Ausgaben in MuPAD zusammenstellen. Eine Übersicht aller Funktionen zu Ein- und Ausgaben findet man auf den Hilfeseiten.

11.3.1 Ausgaben auf dem Bildschirm

Die Funktion print haben wir schon an verschiedenen Stellen eingesetzt. Sie erzeugt Bildschirmausgaben.

```
>> x := 12: y := "hallo":
>> print(y,"! Es gilt x = ",x)
        "hallo", "! Es gilt x = ", 12
>> print(Unquoted, y,"! Es gilt x = ",x)
        hallo, ! Es gilt x = , 12
>> print(Unquoted,y."! Es gilt x = ".expr2text(x))
        hallo! Es gilt x = 12
```

Der Standardaufruf erzeugt Ausgaben, bei denen Zeichenketten in Anführungszeichen eingeschlossen sind. Dies kann durch den Zusatz Unquoted unterbunden werden. Nun sind die einzelnen Elemente noch durch Kommata getrennt. Auch dieses kann verhindert werden, in dem man das Wissen über Zeichenketten aus Kapitel 4 benutzt. Man verbindet einfach die einzelnen Elemente mit Hilfe des .-Operators zu einer einzigen Zeichenkettte. Ausdrücke werden durch expr2text in Strings umgewandelt.
Ähnlich wie print funktioniert der Befehl fprint, der auch allgemeiner zum Schreiben in Dateien verwendet werden kann (siehe weiter unten).

11.3.2 Benutzereingaben

Es ist möglich, innerhalb von Prozeduren vom Benutzer zusätzliche Informationen zu erfragen. Mittels des Befehls input(string1,x1,sring2,x2,...) wird die Benutzerin bzw. der Benutzer aufgefordert, den Variablen x1, x2 Werte zuzuweisen. string1, string2,... sind Zeichenketten, die die Eingabe kommentieren. Dabei wird für jede Eingabe ein Fenster geöffnet, in dem der Wert der zugehörigen Variablen eingegeben werden kann. string1 wird als Kommentar in dem Eingabefenster ausgegeben.

```
eingabe := proc()
        local n,k;
      begin
        print(Unquoted,
              "Plotte die Kochsche Schneeflocke
                für ein n-Eck mit k
                    Vertiefungsstufen\n");
```

```
        input("Anzahl Ecken n = ",n,
              "Vertiefungsstufen k = ",k);
        plotKoch2(k,n);
      end_proc:
```

Ruft man den Befehl in der Form input() auf, so ist die Eingabe der Rückgabewert. Seit MuPAD 3.1 ist es möglich auch lokalen Variablen duch input
Werte zuzuweisen.

Speziell für Zeichenketten gibt es den Befehl textinput, der ansonsten aber
genau wie der Befehl input funktioniert.

11.3.3 Arbeiten mit Dateien

In diesem Abschnitt stellen wir in groben Zügen das Arbeiten mit Dateien in
MuPAD vor. Wir werden Ihnen an einem Beispiel zeigen, wie man eine Datei
in MuPAD erstellt und wie man sie auslesen kann.

Mittels des Befehls write(format,filename,x1,x2,...) werden die Variablen x1, x2,... in eine Datei filename geschrieben. Je nachdem, ob format
als Text oder Bin gewählt wird, wird die Datei als Text- oder Binärdatei
gespeichert. Lässt man die format-Angabe weg, so wird das Binärformat gewählt. So erzeugen die MuPAD-Befehle

```
>> A := [i $ i=1..1000]:
>> B := select(A,isprime):
>> write(Text,"primzahlen.dat",B)
```

eine Datei mit Namen „primzahlen.dat" mit folgendem Inhalt:

```
>> !cat primzahlen.dat
B := hold([2, 3, 5, 7, 11, 13, 17, 19, 23, 29, 31, \
37, 41, 43, 47, 53, 59, 61, 67, 71, 73, 79, 83, 89,\
97, 101, 103, 107, 109, 113, 127, 131, 137, 139,   \
149,151, 157, 163, 167, 173, 179, 181, 191, 193,   \
197, 199, 211, 223, 227, 229, 233, 239, 241, 251,  \
257, 263, 269, 271, 277, 281, 283, 293, 307, 311,  \
313, 317, 331, 337, 347, 349, 353, 359, 367, 373,  \
379, 383, 389, 397, 401, 409, 419, 421, 431, 433,  \
439, 443, 449, 457, 461, 463, 467, 479, 487, 491,  \
499, 503, 509, 521, 523, 541, 547, 557, 563, 569,  \
571, 577, 587, 593, 599, 601, 607, 613, 617, 619,  \
631, 641, 643, 647, 653, 659, 661, 673, 677, 683,  \
691, 701, 709, 719, 727, 733, 739, 743, 751, 757,  \
761, 769, 773, 787, 797, 809, 811, 821, 823, 827,  \
829, 839, 853, 857, 859, 863, 877, 881, 883, 887,  \
907, 911, 919, 929, 937, 941, 947, 953, 967, 971,  \
977, 983, 991, 997]):
```

Es wird also eine komplette Definition der Variable B mit ihrem Bezeichner in die Datei geschrieben. Auslesen kann man die Variable dann wie gewöhnlich durch

```
>> delete B:
>> read("primzahlen.dat"):
>> B[12]
          37
```

Möchte man die Werte mit Hilfe anderer Programme einlesen, so möchte man nur die Werte der Variablen abspeichern und nicht auch noch die Definition der Variablen. Dies geschieht durch den Befehl

```
fprint(Text,filename,x1,x2,...)
```

So speichert der Befehl

```
fprint(Text ,"primzahlen2.dat" ,B)
```

die Primzahlen und nur die Primzahlen in die Datei primzahlen2.dat.
Man kann auch einfache Textdateien in MuPAD einlesen. Hierzu gibt es das Kommando import::readdata(filename,<Trennzeichen>). Der Rückgabewert ist eine geschachtelte Liste der gefundenen Einträge. Jeder Eintrag der Liste ist eine Unterliste bestehend aus den Einträgen einer Zeile der Datei. Die einzelnen Elemente müssen in der Datei durch ein Trennzeichen getrennt sein. Dieses Trennzeichen kann ein beliebiges Zeichen sein. Lässt man die Angabe des Trennzeichens weg, so wird das Leerzeichen (Space) als Separator gesetzt.
Als Beispiel wollen wir die folgende Textdatei einlesen:

```
Hallo. Hier kommen die Daten

1 2   45 2
sqrt(x) 23 3


Das war alles!
```

In MuPAD kann das auf folgende Weise geschehen:

```
>> Liste := import::readdata("text.txt")
      [["Hallo.", Hier, kommen, die, Daten],
                    1/2
      [1, 2, 45, 2], [x    , 23, 3],
      [Das, war, alles!]]
>> Liste[1], Liste[1][2]
      ["Hallo.", Hier, kommen, die, Daten], Hier
```

Diese Daten können dann in MuPAD weiter behandelt werden.

11.4 Nicht behandelte Sprachelemente

In dieser Einführung in MuPAD haben wir nur die wichtigsten Sprachelemente
behandelt. Die Autoren haben beabsichtigt, der Leserin bzw. dem Leser eine
möglichst klare, einfache, auf das Wesentliche beschränkte Einführung in den
Umgang mit MuPAD zu geben. Es sei noch einmal explizit darauf hingewiesen,
dass das vorliegende Buch keine **vollständige** Darstellung von MuPAD ist.
Die Leserin bzw. der Leser sollte aber nach der Lektüre in der Lage sein
über die ausgezeichnete Hilfe von MuPAD sich fehlende Sprachelemente selbst
anzueignen.
Wir möchten abschließend noch auf einige Punkte hinweisen, die den Rahmen
dieses Buch gesprengt hätten, von denen die Leserin bzw. der Leser aber
profitieren kann.

- Es ist möglich eigene mathematische Objekte zu definieren und zu benutzen.
- Dynamische in C/C++ geschriebene Module können leicht in MuPAD
  eingebunden werden.
- MuPAD bietet der Nutzerin bzw. dem Nutzer die Möglichkeit eigene Bibliotheken zu erstellen. Diese Bibliotheken können in der gleichen Weise
  verwendet werden wie die vorprogrammierten Bibliotheken.
- Wir haben nur einen Bruchteil der implementierten Routinen aus den verschiedenen Bibliotheken dargestellt. In der Darstellung fehlen beispielsweise die Routinen zur Graphentheorie oder zur Numerischen Mathematik.

Wir hoffen, wir konnten Sie von dem Nutzen von Computeralgebrasystemen
(CAS) überzeugen. Wir würden uns wünschen, dass wir Sie in die Lage versetzt haben, MuPAD als selbstverständliches Hilfsmittel in Ihren mathematischen Alltag zu integrieren.

Literaturverzeichnis

1. M. Artin. *Algebra*. Birkhäuser, 1998.
2. P. Bundschuh. *Einführung in die Zahlentheorie*. Springer, 1992. 2. Auflage.
3. C. Creutzig, J. Gerhard, W. Oevel, and S. Wehmeier. *Das MuPAD Tutorium*. Springer, 2004. 3. Auflage.
4. J.H. Davenport, Y. Siret, and E. Tournier. *Computer Algebra: Systems and Algorithms for Algebraic Computation*. Academic Press, 1993. 2nd edition.
5. G. Fischer. *Lineare Algebra*. Vieweg, 2005. 15. Auflage.
6. O. Forster. *Differential- und Integralrechnung einer Veränderlichen*. Vieweg, 2006. 8. Auflage.
7. E. Freitag and R. Busam. *Funktionentheorie*. Springer, 1993.
8. J.v.z. Gathen and J. Gerhard. *Modern Computer Algebra*. Cambridge University Press, 2003. 2nd edition.
9. K. Gehrs and F. Postel. *MuPAD - Eine praktische Einführung*. SciFace Software, 2002. 2. Auflage.
10. H. Heuser. *Lehrbuch der Analysis, Teil 1*. Teubner, 2006. 15. Auflage.
11. H.-J. Kowalsky and G.O. Michler. *Lineare Algebra*. de Gruyter, 2003. 13. Auflage.
12. M. Majewski. *MuPAD Pro Computing Essentials*. Springer, 2004. 2nd edition.
13. H.-O. Peitgen, H. Jürgens, and D. Saupe. *Fractals for the Classroom. Part One. Introduction to Fractals and Chaos*. Springer, 1993.
14. H.-O. Peitgen, H. Jürgens, and D. Saupe. *Fractals for the Classroom. Part Two. Complex Systems and Mandelbrot Set*. Springer, 1998.
15. W. Rossmann. *Lie Groups*. Oxford Science Publications, 2002.

Sachverzeichnis